요리가
맛있는
THE 술집

뭣 좀 아는 여자들의
쿨한 아지트

요리가
맛있는
THE 술집

뭣 좀 아는 여자들의
쿨한 아지트

BnCworld

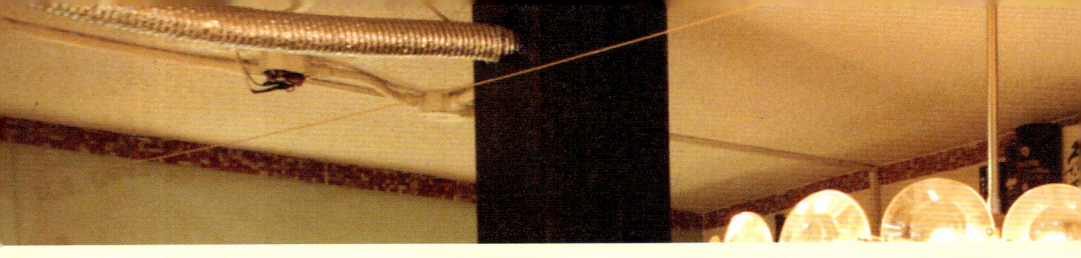

PROLOGUE

"결국은 네가 이런 책을 내는구나!"

이 책을 준비하면서 지인들에게 수도 없이 들었던 말이다. 그리고 뒤이어 나오는 말은 "너랑 잘 어울려"였다. 그렇다. 나는 언제, 어디서나, 어떤 상황이건 술을 곁들이는 자 타공인 '술을 좋아하고 잘 마시는 여자' 다.

기분이 울적하고 속상할 때도, 펑펑 울고 싶을 때도, 기분 좋은 일이 있을 때도, 행복한 날에도, 아무렇지도 않은 날에도 늘 술은 나와 함께한다. 누군가와 함께 마시는 술보다 혼자 홀짝이는 술을 더 좋아하는 나를 지인들은 '진짜 주당' 이라고 부른다.

나는 술집을 선택할 때 늘 고심한다. "가까이에 있으니까 가지 뭐"라며 아무 데나 들른 적이 거의 없다. 사람들을 기분 좋게 만들고 그 자리를 빛내주는 것은 8할이 TPO(시간Time, 장소Place, 상황 Occasion)에 맞는 술집의 선택이라는 생각에 세심하게 고르고 또 고른다. 그렇게 까다롭게 선택되는 술집들은 맛있는 안주는 기본이고, 술과 안주를 합쳐서 1인당 지불해야 하는 가격이 2만~4만 원대로 부담스럽지 않아 누구나 만족해한다.

이 책에서는 20~30대 여자들이 좋아할 만한 술집들을 소개했다. 요리라 불러도 어색하지 않을 만큼 맛있고 스타일 좋은 안주가 많은 곳, 인테리어나 실내 분위기가 특색 있어서 눈요기를 충분히 할 수 있는 곳, 개성 있는 주인장과의 만남이 즐거운 곳, 술집의 필수 항목인 술이 다양하게 구비된 곳이 선정 기준이다. 술이 필요한 날, 보석 같은 정보를 주기 위해 각 술집마다 특별히 맛있는 안주와 어울릴 만한 술을 함께 소개했고, 1인당 비용도 제시해 예산을 미리 짜볼 수 있도록 했다.

혹자는 "여기가 왜 술집이야? 밥집 아니야?"라고 의문을 던질 곳도 분명 있을 터이다. 그런 예상이 뻔함에도 불구하고 굳이 그런 집을 추천한 이유는 술 마시는 문화의 다양성을 제시하기 위해서다. 그런 곳에 가서 내가 제시한 대로 마시고 먹다 보면 '이런 곳도 술 마시기에 좋은데' 라고 감탄하게 될 것이다.

책을 읽는 독자들이 어느 곳을 갈지 고민할 때 이 책이 도움이 되어 좋은 모임과 만남을 가질 수 있다면 좋겠다.

마지막으로 첫 책을 낼 수 있게 도와주신 비앤씨월드의 장상원 사장님과 이명원 실장님, 부족한 원그를 멋진 책으로 만들어준 출판부 식구들, 늦은 밤까지 함께 다니며 좋은 사진 찍어준 이재희 과장님, 항상 곁에 있어주며 힘이 되는 가족에게 고마움을 전한다.

김수진

가로수길

강남 기타

CONTENTS

그란데

코르크 포 터틀

믹스라운지

부숑 + 오뎅일번지

오헤야

우랑

몽리

정든집

한잔의 추억

요리가
맛있는
THE 술집

The Soolzip

가로수길

「그란데」

어스름한 저녁 2인용 테이블에 앉아 새초롬한 초승달을
바라보면 사랑하는 사람과 시원한 버니니 한 병을 나눠
마신다면 더할 나위 없이 행복한 기분에 빠지게 된다.

Special info

★ **추천 포인트** 남들은 카페로 알고 있지만, 단골들 사이에서는 술집으로 통하는 곳
★ **주종** 와인, 맥주
★ **인기 메뉴** 지중해풍의 해산물 빠에야 25,000원, 레몬크림 게살 라비올리 18,000원
★ **예약 여부** 가능
★ **추천 명수** 2~4명

여자 친구들과
수다 떨기 좋은
상큼한 공간

_그란데 grande

처음 이 곳에 방문했을 때는 자리가 없어서 발길을 돌렸다. 두 번째 갔을 때도 자리가 없었다. 세 번째 들렀을 때는 다행히 자리가 있었지만, 안주를 주문할 수 있는 시간을 훌쩍 넘겨 와인만 홀짝였다(음식을 주문할 수 있는 시간은 오후 9시 이전). 사실 이쯤되면 "차라리 안 가고 만다!"라며 포기하기 마련이다. 하지만 그 유명한 파스타와 샐러드를 맛봐야 한다는 생각에 공연한 오기가 생겼다.
'언젠간 정복하고 말리라!'
결국 네 번째 도전에서 마침내 맛본 파스타와 샐러드! 그 환상적인 맛에 그간의 헛수고를 모두 잊어버리고 말았다. '구운 양파 베이컨 샐러드'는 곱게 다진 베이컨과 양파를 짭조름하면서 달달하게 볶아 채소 위에 듬뿍 올렸는데, 맥주 안주로는 그만이다. '레몬크림 게살 라비올리'는 새콤한 크림 맛을 자랑하는 파스타로 시원하고 쌉쌀한 화이트와인과 곁들이면 좋다.
그란데의 노란 벽에 파란 테이블이 빚어내는 상큼한 공간은 어느 누구와 들러도 기분 좋은 만남을 만들어 낸다. 매장이 워낙 작아 테이블은 고작 5~6개에 불과

하고, 그나마 자리에 앉으면 테이블이 작네, 자리가 춥네(덥네) 하며 투덜거리게 되지만 음식이 나오는 순간 사소한 불평은 고이 접어버리고 오로지 먹고 마시는 것에 집중하고야 마는 마법을 빚어낸다. 거기에 좁았던 자리마저 아늑하게 느껴지는 환상마저 생긴다.

그란데에서 가장 좋은 자리는 가로수길을 바라보며 나란히 앉는 2인용 테이블이다. 특히 어스름한 저녁에 그 자리에 앉아 빌딩 사이로 새초롬한 초승달을 바라보며 시원한 버니니(남아프리카 공화국 산 스파클링 화이트와인) 한 병을 나눠 마신다면 더할 나위 없이 행복한 기분에 빠지게 된다.

에디션 마음

보가 스파클링

파스타와 잘 어울리는 와인들

★ 에디션 바움 (Edition Baum select Extra Dry)
독일산 화이트와인 첫맛은 복숭아 향과 바닐라 맛이 물씬 풍기지만 뒷맛이 깔끔해 느끼하다 싶은 크림 파스타와 궁합이 잘 맞는다.

★ 보가 스파클링 (Voga Sparkling Pinot grigio)
스파클링 와인. 톡 쏘는 탄산이 돋보이는 화이트와인으로 투명한 유리병의 디자인이 독특해 빈 병을 탐내는 손님이 많다. 이 와인은 매콤한 파스타와 먹으면 더 맛있게 먹을 수 있지만, 국내 몇 곳에서만 맛볼 수 있다는 단점이 있어 아쉽다.

Best order tip

2인 (1인당 34,000원)

술 안젤리 로쏘 50,000원
안주 버섯 리조또 18,000원

3인 (1인당 13,000원)

술 상그리아 (기본안주 제공) 39,000원

Side Tip

주중에는 낮 12시부터 2시 30분까지 메뉴가 매일매일 바뀌는 런치를 판매한다. 샐러드와 메인 디시, 커피가 한 세트이며 가격은 평일 기준 15,000원(토요일 16,000원/일요일 불가)이다. 샐러드, 볶음밥 등의 사이드 디시도 있는데, 세심하게 신경 쓴 듯 모두 입에 짝 붙는다.

★ **상그리아** 셰프가 직접 담근 상큼한 와인 칵테일로, 3명이 함께 먹으면 딱 맞는 양이다. 그 안에 들어 있는 과일도 잊지 말고 먹을 것! 하루 전 담근 것이라 과일이 싱싱하다. 신선한 향 때문에 안주 없이 먹는 것이 더 맛있는데, 기본으로 견과류와 청건포도, 크래커가 제공되니 이것으로도 충분한 안줏거리가 된다. 여자 친구들과 함께 적은 돈으로 간단하게 먹고 마시며 수다 떨기에 좋다.

★ **안젤리 로쏘(Angeli Rosso)** 레드 스파클링 와인으로, 마치 복분자주에 화이트 스파클링 와인을 섞은 듯 향긋하고 달콤한 맛이 난다. 여기에 버섯 향이 은은한 버섯 리조또와 함께 먹으면 늦은 저녁 간단한 식사를 겸한 술로 잘 맞는다.

담근 지 하루 만에 먹는 신선
한 상그리아는 레드, 화이트,
로제 중에서 선택할 수 있다.

멋진 셰프님, 상냥하기까지
해 여자 손님들에게 인기
만점이다. 조그만 부엌에서
도 슥슥 어쩌나 요리를 잘
하시는지.

Basic info

★ **주소** 서울시 강남구 신사동 546-8 101호   ★ **전화번호** 02-548-8858
★ **영업시간** 평일엔 오전 11시~새벽 1시, 일요일엔 오후 1시~ 자정(식사 주문 불가)
★ **휴무일** 연중무휴   ★ **주차** 가능(발렛)
★ **쉽게 찾아가기** 지하철 3호선 신사역 8번 출구에서 직진 Show 매장 끼고 좌회전해 5분 정도 직진

「 코르크 포터틀 」

거북이는 와인 바이지만 안주 메뉴 외에 식사도 가능하다.
넓지만 아기자기한 곳에서 직접 고른 와인과, 와인에 잘
어울리는 맛있는 음식은 금세 기분 좋은 취기를 온몸에
전한다.

Special info

★ **추천 포인트** 맛 메모를 보며 와인을 고르는 재미가 쏠쏠하다.

★ **주종** 와인

★ **인기 메뉴** 아몬드 흑임자 드레싱 연두부 샐러드 15,000원, 오버스 톤 쇼비뇽 블랑 58,000원

★ **예약 여부** 가능

★ **추천 명수** 2명 혹은 4명

주당인 나를
기분 좋게
취하게 하는 곳

_코르크 포 터틀 Cork for Turtle

대한민국 태생의 30대 여자로서 이런 말을 하면 어떤 선입견을 가질지 모르지만, 한 마디로 나는 술을 '꽤' 잘 마시는 편이다. 물론 컨디션에 따라 상황에 따라 주량이 조금씩 변하긴 하나 대체적으로 와인 2병 정도는 가볍게 마신다. 소주도 서너 병쯤은 취하지 않고 마실 수 있다. 하지만 술을 잘 마시는 것이 마냥 좋은 것만은 아니다. 남들은 취할 대로 취해서 흥이 한껏 나 있을 때도 멀쩡한 정신으로 앉아 사람들이 비틀거리는 모습을 봐야 하고, 2차로 간 노래방에서는 술이 취하지 않아 흥이 나질 않고, 술자리가 끝나갈 때까지 전혀 취기가 오르지 않은 날엔 인사불성이 된 사람들을 챙겨서 일일이 택시 태워 보내는 일도 내 몫이 된다. 이런 일쯤은 자주 있으니 거뜬히 견뎌낼 수 있다.

가장 곤란할 때는 한참 작업 중인 남자가 나보다 술이 약한 경우다. 내가 생각하는 이상적인 술 데이트는 단둘이 마주 앉아 와인 한 병을 놓고 주거니 받거니 마시다 얼굴도 발그스레해지고 발음도 좀 꼬이면 상대 남

자가 나를 그윽한 눈빛으로 바라보며
'여성스럽고 귀엽네' 라고 느끼면서
서로의 호감지수가 팍팍 올라가는 것
이다. 그런데 나에게 그런 일은 절대
없다! 게다가 상당수의 남자들이 자신
보다 술을 잘 마시는 걸 알면 저 멀리
한걸음에 달아나거나 날 여자가 아닌
술친구로 생각해 주량 승부를 걸어오
는 피곤한 일만 있을 뿐이다.

코르크 포 터틀(이하 거북이)은 이런
나를 취하도록 만드는 신기한 곳이다.
그 이유는 정확히 모르겠지만 이상하
게도 이곳에 오면 와인 반병만 마셔도
알딸딸해진다.

이곳의 특징은 와인 바임에도 불구하
고 와인 리스트가 없다는 것이다. 가
게 한 켠에 두 사람이 들어가기에 빠

★ **아몬드 흑임자 드레싱 연두부 샐러드** 산도가 강하고 드라이하면서 깔끔한 맛의 화이트와인에 어울리는 안주이다. 톡톡 터지는 핑크 후추와 고소한 흑임자 드레싱, 부드러운 연두부의 조화가 맛있다. 저녁 후 부른 배에도 부담 없이 먹을 수 있다.

Best order tip

2인 (1인당 32,500원)

술 마르께스 데 리스깔 루에다
    50,000원
안주 아몬드 흑임자 드레싱 연두부
    샐러드 15,000원

4인 (1인당 22,500원)

술 토레스 상그레 데 토로 55,000원
안주 뉴올리언즈 농부의 점심 15,000원
    버바검프새우 20,000원

★ **뉴올리언즈 농부의 점심** 진한 향신료 향이 입맛을 당기는 이 안주는 케이준 양념에 구운 닭가슴살, 토마토 살사가 잘 어우러져 있다. 맛이 진해 묵직한 레드와인과 잘 어울린다.
★ **버바검프새우** 철판에서 센 불로 단숨에 볶아내는 버바검프새우는 진한 소스 맛이 일품이다. 맛이 진해 묵직한 레드와인과 잘 어울린다.

듯한 와인셀러가 있는데, 차가운 유리문을 열고 들어가면 각종 와인들이 선택되기를 기다리고 있고, 사람들은 장을 보듯 와인을 고른다. 와인마다 맛에 대한 설명이 적힌 메모가 붙어 있어 가벼운 마음으로 와인 고르기에 도전해보아도 재미있다.

거북이는 와인 바이지만 안주 메뉴 외에 식사도 가능하다. 넓지만 아기자기한 곳에서 직접 고른 와인과, 와인에 잘 어울리는 맛있는 음식은 금세 기분 좋게 취하게 만든다.

Side Tip

일명 '토끼와 거북이'라고 불리는 이 건물에는 1층에 머그 포 래빗(Mug for Rabbit)이라는 커피 전문점이, 2층에 코르크 포 터틀(Cork for Turtle) 와인 바가 있다. 1층에서 와사비라떼 같은 특별하고 재있는 커피 한 잔 하고 들러도 좋겠다.

Basic info

★ **주소** 서울시 강남구 신사동 534-25 2층   ★ **전화번호** 02-548-7588
★ **영업시간** 오전 11시 30분~새벽 1시(식사는 낮 12시부터 오후 9시 30분까지 제공)
★ **휴무일** 연중무휴   ★ **주차** 가능
★ **쉽게 찾아가기** 지하철 3호선 신사역 8번 출구에서 직진, Show 매장 끼고 좌회전
   직진, 머그포래빗 2층

「믹스라운지」

이곳에는 라임이 들어간 정통 모히토 외에도 종류별로
정복하고 싶은 다양한 모히토가 있다. 남자친구와 싸운
뒤 매콤한 맛의 고추 모히토를 먹이는 소심한 복수도
즐겁다.

Special info

★ **추천 포인트** 클럽에서 맛있는 칵
  테일을 마시는 기분을 느껴보자.
★ **주종** 칵테일
★ **인기 메뉴** 모히토 로얄 14,000원
★ **예약 여부** 가능
★ **추천 명수** 2명 혹은 6명 이상

칵테일의 진수를
맛보다

_믹스 라운지 MIX lounge

나는 술이라면 뭐든 가리지 않지만 '모히토'에 대해서는 제법 까다롭게 구는 편이다. 모히토는 럼을 베이스로 라임과 민트 잎을 넣어 만든 청량한 느낌의 칵테일로, 마시는 순간 코가 뻥하고 뚫릴 만큼 시원하고 단맛이 적절하며 상큼한 라임의 맛이 잘 어우러져야 잘 만든 모히토라 할 수 있다.

모히토를 잘 만들려면 절대적으로 향이 풍부한 민트 잎과 질 좋은 라임이 필요하다. 이 두 가지가 없으면 모히토가 아니다. 그런데 어떤 바에서는 레몬으로 모히토를 만들어 내놓고는 "라임을 구할 수 없었다"며 군소리를 한다. 이런 경우에는 "라임이 없으니 오늘은 모히토를 판매할 수 없다"라고 미리 말해주는 것이 손님에 대한 예의가 아닐까. 이상, 모히토에 대해 엄격한 손님의 군소리다.

우리나라에서 모히토를 제대로 맛보려면 W호텔의 '우바'나 파크하얏트의 '팀버하우스'에 가야 한다. 여기에 한 군데 더 추가한다면 가로수길에 위치한 '믹스 라운지'다.

믹스 라운지는 우리나라에 몇 안 되는 믹솔로지스트

꽝꽝 울리는 음악이 즐겁게 느껴진다.

(mixologist 칵테일을 디자인하고 창조하는 사람) 중 한 사람인 제롬 리가 연 곳이다.

매장에 들어서면 가장 먼저 바 벽면에 커다랗게 그려진 노란 고양이의 모습이 눈에 들어온다. 씩 웃는 모습이 익살스러워 저절로 마음이 풀어진다. 매장 한쪽에는 작지만 파워 있는 DJ 박스가 자리 잡고 있다. 이 DJ 박스는 믹스 라운지를 더욱 특별하게 만드는 요소 중 하나이다. 멋진 음악을 여느 클럽 못지않게 크게 틀어주는데, 운이 좋으면 디자이너 하상백 씨나 영화배우 류승범 씨가 디제잉하는 것도 볼 수 있다. 무엇보다 신기한 것은 이 큰 음악 소리가 밖으로는 전혀 나가지 않는다는 점이다.

테이블에 자리 잡고 앉으면 메뉴판에 잠시 놀라게 된다. 1박 2일 동안 꼬박

Side Tip

이곳에 갈 때는 클럽에 가는 마음으로 멋지게 차려 입고 가자. 꽝꽝 울리는 음악이 시끄럽기보다 즐겁게 느껴진다. 매주 수요일은 레이디 데이(Lady's Day)로, 그날그날 정해진 칵테일 메뉴를 여성고객에게만 50% 할인해 판매한다. 요즈음은 과일, 과즙을 이용한 칵테일이 트렌드라 믹스 라운지에 있는 대부분의 칵테일은 과일을 이용해 만든다고.

망고 마가리타는 살살 녹여가면서 먹자.

Best order tip

1인 (1인당 10,000~15,000원)

술 모히토 로얄 14,000원 또는 피치애플민트 모히토 10,000원

6인 (1인당 약 17,000원)

술 단즈카 크렌베리라즈 100,000원 (1ℓ)

밑줄 그어가며 공부해야 할 만큼 두꺼운데, 약 300여 종의 칵테일 이름이 나열되어 있다. 실로 방대한 양이다. 하지만 보드카, 진, 럼 등 술의 종류로 칵테일을 분류해놓은 데다 칵테일 이름에 라즈베리, 라임, 오렌지, 레몬 등 사용한 과일 이름을 넣어 맛을 쉽게 추측할 수 있다. 거기에 칵테일 사진이 첨부되어 있어 선택을 더욱 쉽게 만든다. 그래도 고르기 어렵다면 믹솔로지스트에게 물어보자.

이곳에는 라임이 들어간 정통 모히토 외에도 종류별로 정복하고 싶은 다양한 모히토가 있다. 연인과 함께 바에 앉아 여러 가지를 마셔보는 것도 좋겠다. 남자친구와 싸운 뒤엔 매콤한 맛의 고추 모히토를 먹이는 소심한 복수도 즐겁다.

★ **단즈카** 보드카의 한 종류로 시트러스, 커런트, 크렌베리라즈, 그레이프 프루츠, 플레인 등 5가지 맛이 있다. 알코올 도수 40도의 독한 술이지만 깨끗한 맛에 진한 과일 향이 돋보인다. 병으로 주문할 경우 따로 요청하면 개인 컵에 단즈카와 어울리는 과일을 으깨 시럽과 섞어 조금쓰 담아 내어준다. 여기에 토닉워터와 단즈카를 섞어 마시면 칵테일 못지않게 맛있다. 양도 넉넉해 여러 명이 함께 모일 때 좋다.

정말 맛있는
믹스라운지의 모히토

Basic info

★ **주소** 서울시 강남구 신사동 532-4   ★ **전화번호** 02-546-4090
★ **영업시간** : 오후 6시~새벽 2시(토요일에는 새벽 3시까지)
★ **주차** 가능(발렛)   ★ **휴무일** 일요일
★ **쉽게 찾아가기** 지하철 3호선 신사역 8번 출구에서 직진해 가로수길에 진입, 미래와희망산부인과 끼고 좌회전 후 50m 직진 50m, 오른쪽 위치

「부숑 + 오뎅일번지」

구석진 곳에 있고 드나드는 사람이 많지 않아 술집 특유의 왁자지껄함은 없지만 조용하기에 친구와 비밀 얘기를 나누고 싶을 때, 연인과 가볍게 훌쩍이고 싶을 때 더할 나위 없이 반가운 장소다.

Special info

★ **추천 포인트** 큰 움직임 없이 2차
까지 해결할 수 있어 좋다.
★ **주종** 와인과 사케
★ **인기 메뉴**
[부숑] 치즈 카나페 3종 30,000원
[오뎅일번지] 도쿠센 골뱅이 15,000원,
다이공 샐러드 13,000원
★ **예약 여부** 가능
★ **추천 명수** 4~6명

같은 공간인 듯
다른 두 곳

_부숑 + 오뎅일번지

부숑은 나와 특별한 인연을 가진 곳이다. 와인에 대한 호기심이 왕성하던 때 그 호기심을 모두 채워준 분이 이곳 사장님이시다.

처음 부숑을 갔을 때의 일을 난 잊지 못한다. 와인 초보자인 내가 말도 안 되는 질문들을 던졌음에도 사장님은 와인에 대한 자신의 철학을 비롯해 포도의 종류에 따라 와인 맛이 어떻게 차이 나는지, 프랑스 와인은 생산지역별로 어떤 특성을 갖는지와 같은 전문적인 이야기를 조곤조곤 맛깔나게 풀어내셨다. 친구들과 삼삼오오 함께 들러 와인 이야기를 요청했을 때는 3~4종의 와인을 종류별로 맛보게 하시면서 그에 대한 설명을 쉽고 재미있게 해주시기도 했다. 프랑스에서 10년 가까이 살다 온 사장님은 늘 주위에 와인을 두고 사시는 분이라 특별한 날의 와인이 아닌 일상의 와인에 대해 이렇듯 나에게 한 수 가르침을 주셨다. 그 뒤로 나는 와인 라벨을 읽으며 맛을 추측하고 혼자 와인을 고를 수 있는 자신감을 얻게 되었다.

와인 바로서 부숑이 좋은 점은 이와 같이 친절하고 정확한 어드바이스다. 보유하고 있는 300여 종의 와인

술, 와인을 만나러 가는 소통의 문

bouchon

을 사장님이 직접 맛보고 고른 터라 어떤 맛과 느낌의 와인을 마시고 싶은지와 원하는 가격대를 말하면 그 조건에 맞는 와인을 서슴없이 골라주신다. 특히 와인을 모르는 초보자에게는 와인에 대한 이야기나 맛과 향에 대해 더 세심하게 어드바이스를 해주시고 열성적인 설명을 덧붙이신다. 와인에 대해 궁금해 하면 할수록 사장님의 이야기는 끝이 없다.

부숑이 좋은 또 다른 이유는 사케 바 오뎅일번지가 쌍둥이처럼 붙어 있어서다. 곁에서 보면 두 개의 다른 가게가 나란히 있는 것 같은데, 들어가 보면 두 매장 사이에 있는 주방과 화장실은 함께 쓰고 술 종류에 따라 와인 바와 사케 바로 나누어 놓은 구조다. 그래서 오뎅일번지에서 오뎅에 사케를 마신 뒤 2차로 부숑에 가서 와인을 부숑에는 10명 정도 앉을 수 있고 커튼이 드리워져 있는 테이블이 있다. 하루 전에 예약하면 이용 가능하다. 이 테이블에서는 특별히 사케와 와인을 둘 다 마실 수 있고, 안주 또한 두 가게의 안주를 모두 주문할 수 있어 식사를 겸한 사케로 시작해 와인으로 마무리하는 모임의 장소로 이용하면 좋다.

달콤한 데리야끼 소스를 묻혀 구운 모듬야끼오뎅

★ **치즈 카나페** 루, 블루, 카망베르 등 치즈 종류를 선택할 수 있으며 1종에 10,000원이다. 치즈, 포도, 크래커가 함께 제공된다.

Best order tip

오뎅일번지 *2인 (1인당 24,000원)

술 조야 우메슈 35,000원
안주 다이공 샐러드 13,000원

부숑 *4인 (1인당 36,250원)

술 샤또 페나 45,000원
　쓰리 케이프 레이디스 80,000원
안주 치즈 카나페 2종 20,000원

★ **조야 우메슈** 매실이 동동 떠다니는 조야 우메슈는 얼음을 가득 넣어 희석해가며 마신다. 매실의 새콤한 맛이 자극적이지 않아 술술 넘어간다. 무를 채 썰어 만든 아삭아삭한 맛의 다이공 샐러드와 궁합이 잘 맞는다.

★ **샤또 페나(Ch.Pena)** 프랑스 와인. 가격이 적당하고 맛이 무겁지 않아 와인을 처음 접하는 사람도 부담 없이 즐길 수 있다.

★ **쓰리 케이프 레이디스(Three Cape Ladies)** 맛있는 와인이지만 고가의 남아프리카 와인이라서 저평가되고 있어 안타깝다. 다른 와인 바에서 흔하게 만날 수 있는 와인이 아니라서 마셔볼 만한 가치가 있다.

마시는 광경이 종종 연출된다. 나 또한 1차로 끝날 것 같지 않은 동창 모임이나 수다가 끊이지 않는 친구들과의 만남이 있을 때 이곳에 자주 들르게 된다.

오뎅일번지는 작은 테이블 5개가 옹기종기 모여 있는 좁은 실내지만 그래서 더없이 아늑하다. 사케와 함께 먹는 안주류는 한 마디로 '유니크' 하다. 아삭아삭한 무를 샐러드로 만든 '다이콩 샐러드'나 오뎅에 달콤한 데리야키 소스를 발라 구운 '모둠야끼오뎅'은 다른 곳에서 보기 힘든 톡톡 튀는 맛이다. 사케는 약 25종 정도 구비되어 있는데, 등급이 높고 비싼 사케 보다는 친숙하게 마실 수 있는 사케가 더 많다. 특히 드라이하고 진한 맛의 '오니고로시'는 900㎖에 29,000원이라는 저렴한 가격 때문에 많이 판매된다.

구석진 곳에 있고 드나드는 사람이 많지 않아 술집 특유의 왁자지껄함은 없지만 친구와 비밀 얘기를 나누고 싶을 때, 연인과 가볍게 홀짝이고 싶을 때 더할 나위 없이 반가운 장소다.

사케를 주문하면 다양한 잔을 가져와 보여준다. 맘에 드는 것을 골라 마시는 재미가 있다.

Basic info (부숑과 오뎅일번지 공통)

★ **주소** 서울시 강남구 신사동 525-1 ★ **전화번호** 02-511-0859
★ **영업시간** : 오후 6시~새벽 2시 ★ **휴무일** 일요일 ★ **주차 가능**
★ **쉽게 찾아가기** 신사동 미성아파트 건너편 까사미아 옆 골목 진입 첫 번째 사거리에서 좌회전

「오헤야」

단짝친구와 단 둘이 테이블에 앉아 맛있는 사와 한 잔,
맛있는 요리 하나를 시키면 기분 좋은 저녁식사와 맛있
는 술을 동시에 즐길 수 있다.

Special info

- ★ **추천 포인트** 깔끔한 곳에서 깔끔하
  게 술을 즐기고 싶다면 go!
- ★ **주종** 사케, 사와
- ★ **인기 메뉴** 카쿠니 밥상 12,000원
  (점심 한정), 치즈 함바그 18,000원
- ★ **예약 여부** 가능
- ★ **추천 명수** 2~4명

일본식으로
반주(飯酒)를 즐긴다

_오헤야 O'heya

오헤야는 런치 세트가 참 맛있다. 잘 만든 일식 가정식으로, 정갈한 담음새만으로도 오감이 즐거워진다. 런치 세트는 카쿠니 밥상과 샐러드 밥상, 이렇게 두 종류가 있다. '카쿠니 밥상'은 돼지고기찜이 메인으로 나오는데, 부드럽게 찐 삼겹살에 적당히 무른 무, 간이 잘 밴 곤약의 짭조름한 맛이 밥과 잘 어울린다. 여기에 단호박 샐러드 등 네 가지의 반찬과 계된장국, 껍질까지 바삭하게 구운 연어구이를 올린 밥이 제공된다. '샐러드 밥상'은 커다란 볼에 담뿍 담은 샐러드, 네 가지 반찬, 제법 묵직한 오니기리 2개, 매실장아찌 2알, 된장국으로 구성되어 있다. 맛의 조화가 잘 이루어져서인지 적당한 돈에 잘 먹었다는 생각이 든다.

저녁이 되면 오헤야는 식사와 술을 동시에 즐길 수 있는 다이닝 바로 운영된다. 요리는 안주로 좋은 단품 메뉴만 판매되는데, 런치 세트가 가격 대비 양도 많고 맛있어서 그런지 안주는 2% 부족하게 느껴진다. 그래

도 이곳을 저녁에도 들르는 이유는
담백한 듯 심심한 듯 맛있는 오니기
리와 간이 딱 맞고 똑 떨어지게 잘 만
드는 안주류 때문이다. 겉면만 살짝
구운 얇은 쇠고기 샐러드 '규니꾸 타
다끼'도 맛있고, 문어를 얇게 썰어 새
콤달콤한 폰즈에 담근 '타코폰즈'도
맛있다. 매실장아찌를 올린 밥이나
오니기리도 제공되어 저녁식사 대신
배를 채우기에도 좋다.

단짝친구와 단 둘이 테이블에 앉아
맛있는 사와(과일 주스에 술을 탄 약
한 술) 한 잔, 맛있는 요리 하나를 시키
면(오니기리도 함께 나온다) 기분 좋은
저녁식사와 맛있는 술을 동시에 즐길
수 있다.

계단 모양의 장식장에는 술병과 잔이 아기자기하게 진열되어 있다.

Best order tip

2인 (1인당 18,800원)

술 자몽 사와 6,800원
유자 사와 6,800원
안주 시푸드 카라이 이타메 18,000원

4인 (1인당 25,000원)

술 하나 후케츠 62,000원
안주 타코 링고 폰즈 20,000원
차슈 모야시 이타메 18,000원

마치 모짜렐라치즈 같지 만 사실은 연두부다. 겉 면을 살짝 구워 식감이 특별하다. 사케 토쿠리와 는 단짝친구!

Side Tip 런치 세트는 하루에 20세트만 판매하기 때문에 서둘러야 맛볼 수 있다.

★ **사와** 직접 과일을 갈아 만드는 사와류는 자몽, 키위, 유자 맛이 준비되어 있다.

★ **에비텐 우동** 자작하게 볶은 우동에 새우튀김을 얹은 에비텐 우동은 식사를 대신할 메뉴로도 좋다.

★ **시푸드 ㅋ·라이 이타메** 각종 해산물과 굵은 우동 면을 매콤하게 볶은 시푸드 가라이 이타메는 오니기리 2개가 함께 제공된다.

삼겹살구이와 맥주는 누구나 인정하는 찰떡궁합 메뉴이다.
오헤야의 안주 메뉴에는 오니기리나 우메보시밥이 포함되
어 식사로도 좋다.

상큼한 채소와 곁들여 먹는 연어샐러드, 차조잎으로 색을 내
마치 와인같은 사케는 탄산이 있어 음료수처럼 가볍게 술술 넘어간다.

╭─ **Basic info** ─╮

★ **주소** 서울시 강남구 신사동 525-5   ★ **전화번호** 070-7613-6610
★ **영업시간** : 정오~자정   ★ **휴무일** 일요일   ★ **주차** 가능
★ **쉽게 찾아가기** 가로수길에서 미래와희망산부인과 옆 골목으로 100m 직진,
오거리에서 10시 방향 골목으로 진입해 50m 직진

「우랑」

우랑은 데이트 장소로 참 좋은 곳이다. 질 좋은 갈비살을
작은 화로에 올려서 구워 먹다 보면 어느 새 어색함도
사라지고 은근히 여성스러움도 어필할 수 있다.

우랑 牛郞　　DINNING BAR

Special info

★ **추천 포인트** 작은 화로를 사이에 두고 알콩달콩한 시간을 보낼 수 있는 곳
★ **주종** 사케
★ **인기 메뉴** 눈꽃살 세트 中 38,000원, 메로구이 18,000원
★ **예약 여부** 가능
★ **추천 명수** 2명

그의 마음을 사로잡고
싶을 때 제격

_우랑

마음에 드는 누군가와 데이트를 할 때면 내가 장소를
정하는 편이다. 때론 '가고 싶었던 곳이 있는지 물어볼
걸' 하고 후회하지만, 이미 장소 선정을 하고 난 뒤라
그런 후회는 아무 소용이 없다. 매번 장소 선정에 앞장
서는 데는 이유가 있다. 이것저것 먹으러 다니는 것을
좋아하고 새로 생긴 곳은 꼭 가봐야 직성이 풀리는 성
격이라 자연스레 레스토랑, 카페 정보를 많이 알고 있
을뿐더러 평소 '모임으로 적당한 곳, 데이트로 적당한
곳' 식으로 상세히 분류를 해놓는다. 주변 지인들조차
"이번에 이런 모임이 있는데 어딜 가면 좋을지 추천해
달라"는 질문을 자주 하는데 실패율은 거의 제로에 가
깝다. 상황이 이러하니 만약 상대방이 적절하지 않은
레스토랑이나 술집으로 나를 데려간다면 실망감으로
그날 데이트를 망칠 확률이 아주 높아 상대방에 대한
실망을 덜고 데이트만큼은 기분 좋게 하기 위해 가급
적 내가 원하는 곳으로 그를 데려가는 것이다.
내가 생각하는 데이트 장소의 기준은 이렇다. 첫째, 혼
자 2인분을 지불하기에 가격이 적당할 것. 둘째, 맛있
는 음식이 코스로 천천히 나올 것. 셋째, 술을 곁들일

수 있을 것. 넷째, 좌석은 아늑할 것. 단, 남자들이 부담을 느낄 정도의 여성 취향 레스토랑은 걸맞지 않다.

우랑은 이런 기준에서 데이트 장소로 참 좋은 곳이다. '눈꽃살 세트'는 샐러드부터 천천히 음식이 나오는데, 메인 요리로 나오는 질 좋은 갈비살을 작은 화로에 올려서 구워 먹다 보면 어느새 어색함도 사라지고 은근히 여성스러움도 어필할 수 있다. 고기를 다 먹고 나면 불씨가 남아 있는 화롯불에 주먹밥을 노릇노릇 구워 먹는 재미도 있다.

여기에 맛있는 사케를 한두 잔 곁들이면 서로 발그레해진 얼굴을 보고 미소 지을 수 있게 된다. 이 정도면 데이트는 성공적이지 않은가.

우랑은 청담점과 신사점, 압구정점이 있다. 신사점이 나머지 둘보다 규모는 작지만 조금 더 운치 있고 아늑한 기분이 든다.

사케를 마시면서 먹으면 딱 좋은 눈꽃살구이는 中 38,000 원인데 둘이 먹으면 딱 좋은 만큼의 소고기, 주먹밥 들이 제공된다.

Best order tip

2인 (1인당 46,500원)

술 준마이750 35,000원
안주 눈꽃살 세트 大 58,000원

★ **카라탄바** 톡 쏘는 맛이 특징이다. 식사와 곁들이기에 좋은 300ml 작은 병이 있어 둘이 분위기를 돋우는 데 안성맞춤. 고기와 같은 묵직한 안주와 잘 어울린다.

눈꽃살세트에 포함된 파채샐러드와 어묵탕.

아늑한 느낌의 인테리어, 남자들이 은근 좋아하는 분위기인가
보다. 데려간 사람들마다 만족을 표했다는 후문.

데이트코스는 바 자리를 추천. 마주보는 것보다
옆자리가 더 은근한 분위기가 있다.

사케 팩으로 만든 재밌는 전등갓

Basic info

★ **주소** 서울시 강남구 신사동 515-6 1층 　 ★ **전화번호** 02-3442-0415
★ **영업시간** 오후 5시~새벽 2시(토요일에는 오후 6시~ 새벽 1시)
★ **휴무일** 일요일 · 공휴일 　 　 　 ★ **주차** 가능
★ **쉽게 찾아가기** 가로수길 올리브영 옆 골목 진입, 첫 번째 삼거리에서 우회전해 10m 직진, 왼편에 위치

「몽리」

'내 침대(Mon lit)'라는 이름처럼 포근하고 편안한 와인
바가 몽리이다. 주인장을 닮아서인지 3년 전 오픈 당시
의 모습, 그 기분, 그 마음을 그대로 간직하고 있어 언제
들러도 기분 좋다.

침대에 앉아
와인을 마신다

_몽리 monlit

가로수길에 작고 예쁜 카페와 가게들이 하나둘 생기기 시작했을 때 숨겨진 보물을 발견한 것처럼 참 좋았었다. '가로수길'이라는 이름이 예뻐 좋았고, 걷기 좋고 운치 있는 좁은 길이 좋았고, 깔끔하면서 아기자기한 물건들을 간직한 작은 가게들이 골목 구석구석에 숨어 있어 하나씩 뒤져보는 재미도 좋았다.

게다가 이런 예쁜 길이 집에서 차로 불과 5분 거리에 있다는 점이 마음에 쏙 들었다. 그래서 한동안은 주말마다 친구들을 끌고 가 가로수길을 순례하며 시간을 보내기도 했다. 지금의 가로수길은 아늑하고 조용한 느낌이 많이 사라지는 대신 화려한 매장과 세련된 카페들이 들어섰다 사라지기를 반복하고 있지만, '새로워 좋다'는 생각보다는 예전의 아늑하고 소담스러웠던 가로수길에 대한 그리움이 앞선다.

나는 가끔 예전 가로수길에 대한 그리움이 몰려들 때면 몽리를 찾는다. 몽리는 주변의 카페와 매장들이 변화를 추구하는 것에 아랑곳하지 않고 3년 전 가게가 처음 생겼을 때의 모습, 그 기분, 그 마음을 그대로 간직하고 있어 기분 좋은 와인 바다. 바뀌는 것보다 내버

mon lit

려두는 것을 좋아하는 주인장은 3년 전 가게를 만들며 올려놓은 소품을 아직도 그 자리에 두고 있다.

'내 침대(Mon lit)'라는 이름처럼 포근하고 편안하게 와인을 즐기고 싶어 열었다는 몽리. 그래서인지 처음 본 신기한 와인보다는 '빌라M'이나 '무똥까데' 등 친숙한 와인들이 많다. 와인은 3만~4만 원대부터 10만 원대까지 120여 종이 있으며, 375㎖의 작은 병도 6종이나 구비되어 있다. 6만~7만 원대의 와인이 가장 많은데, 환율의 영향으로 와인 값이 많이 상승한 탓이 크단다. 그렇지만 편안하게 와인을 즐기기 위해 가게를 만든 만큼 3만~4만 원대의 맛있는 와인을 찾는 것도 게을리 하지 않는다고. 와인 리스트는 6개월에 한 번씩 업데이트된다. 직접 와인을 고르기가 쉽지 않다면 주

★ 아프리카식 닭구이

★ 몽리타르트

Best order tip

2인 (1인당 25,000원)

술 사까이 샤도네이 50,000원

4인 (1인당 24,000원)

술 샤또 뿌이 막소 68,000원
안주
아프리카식 닭구이 16,000원,
크림치즈 베이컨 파스타 12,000원

★ **크림치즈 베이컨 파스타** 뾰족한 펜 모양의 쇼트 파스타 펜네를 사용한 파스타로 한 개 한 개 집어먹기 좋아 식사라기보다는 안주류에 더 어울린다. 스파이시하고 드라이한 샤또 뿌이 막소와 함께 마시면 향신료 맛이 더 진하게 느껴진다.

★ **딸기와 사워크림**
단것이 당길 때
그만인 안주다.

Side Tip

자리에서 일어나기 전에 '몽리 해장라면'을 먹자. 한 그릇 먹으면 다음날 속이 편안하다.
알아두어야 할 점은 늦은 시간 주문하면 못 먹는다는 것!

인장에게 도움을 요청하자. 단, 마음을 단단히 해야 한다. 몽리으 주인장은 사소해 보이는 것들을 꼬치꼬치 캐물으시기 때문이다. 그가 하는 질문들은 대강 이러하다. "저녁은 먹었나?", "뭘 먹었나?", "배가 고픈가?", "기분이 나쁜가, 좋은가?", "추운가, 더운가?" 호구조사도 이런 호구조사가 없다. 여기에 노골적으로 단맛을 좋아하는지, 떨떠름한 맛은 괜찮은지, 좋아하는 맛에 대해 물어보니 대답만 잘하면 입맛에 딱 맞는 좋은 와인을 맛볼 수 있다.

멋 부리지 않고도, 아는 체하지 않고도 맛있는 와인을 즐길 수 있는 몽리, 누구와 오더라도 잘 먹고, 잘 마시고, 잘 놀고 갈 수 있는 몽리가 그 자리를 오~랫동안 지켜주었으면 하는 바람이다.

스파게티 면을 튀긴 것을 기본안주로 내어준다. 짭짤하고 고소한 맛이 잘 어울린다.

Basic info
★ **주소** 서울시 강남구 신사동 524-37
★ **영업시간** : 오후 5시~새벽 3시 (일요일에는 새벽 2시까지)
★ **휴무일** 명절 　★ **주차** 가능 　★ **전화번호** 02-548-2789
★ **쉽게 찾아가기** 가로수길에서 미래와희망산부인과 옆 골목 직진, 100m 오거리 코너에 위치

★ **사까이 샤도네이 (Sockeye chardonnay)**
정신이 번쩍 날 만큼 상큼한 화이트와인이다. 안주 없이 즐겨도 좋다.

「정든집」

테이블 없이 전부 바로 되어 있는 인테리어가 좋고,
1개에 1,000원인 어묵도 반갑다. 바에 앉아 있으면
일행이 없어도 옆에 누군가가 앉아 있다는 생각에
어쩐지 외로운 마음도 들지 않는다.

정든집

10

Special info

★ **추천 포인트** 바에 앉아 한껏 멜
랑꼴리해질 수 있는 곳.
★ **주종** 사케, 맥주
★ **인기 메뉴** 오뎅 1,000원, 가래떡
구이 4,000원, 오꼬노미야끼
12,000원
★ **예약 여부** 불가
★ **추천 명수** 2~4명

혼자이고 싶을 때
더욱 그리운 곳

_정든집

여자도 과중한 업무를 마치고 나면 시원한 맥주 한 잔이 사무치게 그리울 때가 있다. 거칠게 넥타이를 풀고 내뿜는 담배 한 모금은 아닐지언정 하이힐을 벗어 던진 채 두꺼운 아이라인을 지우고 오늘의 고단함을 술한 잔과 보내고 싶을 때가 있는 것이다.

나는 때때로 혼자 술 마시는 것을 즐긴다. 남자와 마시기에는 예쁜 체, 못 마시는 체하는 것이 귀찮고 여자 친구들과 마시기에는 반드시 풀어내야 하는 수다가 부담스럽다. 편한 학창시절 친구들과는 술자리가 과해지기 마련이라 그것도 싫다. 그저 잠시 마음을 풀어두고 맛있는 술과 쓴 입맛을 달래줄 작은 안주 하나 정도만 놓고 혼자 홀짝이고 싶다. 그렇지만 술은 나눠야 맛인 우리나라 정서상 30대의 여자가 혼자 술을 홀짝이는 것이 남들 눈에는 달갑지 않은가 보다. 독한 데킬라를 들이키러 들른 바에서는 "저 여자 실연당했나 봐"라는

남녀노소 누구든 이곳에 오면
시름을 잊게 된다.

연인들의 수군거림을 들었고, 취재차
주중에 혼자 들른 속초에서 오징어 회
와 맥주 한 잔을 먹는 나는 영락없이
사연 있는 여자가 되어 있었다.
정든집은 이런 나에게 너무나도 고마
운 곳이다. 테이블 없이 전부 바로 되
어 있는 인테리어도 좋고, 1개에
1,000원인 어묵도 반갑다. 거기에 일
행이 없어도 옆에 누군가가 앉아 있기
때문에 어쩐지 외로운 마음도 들지 않
는다. 훌쩍 바에 앉아 말없이 묵묵히
맥주 두어 병과 어묵 세 꼬치면 금세
마음이 풀어진다.

차갑게 즐기는 가마보꼬 오뎅.
폭신한 맛에 아주 즐겨먹는 메뉴.

Best order tip

1인 (1인당 7,000원)

술 사케 도쿠리 10,000원
안주 말랑말랑 가래떡구이 4,000원

★ 겨울엔 아주 뜨겁게, 여름에는 살
얼음을 동동 띄워주는 사케와 노릇
노릇 불에 구운 가래떡을 꿀에 찍어
먹는 궁합은 최고.

Side Tip

작업 중인 남자가 있다면 데리고 오자. 나란히 좁은 공간에 앉아 술잔을 부딪치고 어깨도 살짝 스친다면
어느 새 그의 마음도 기울어 있을 것이다. 거기에 "이번엔 제가 낼게요"라는 말을 덧붙인다면 더욱 좋겠다.

테이블 없이 바로만 되어 있는 실내 전경. 어깨 부딪혀
가며 한두 잔 들이키다 보면 어느새 정이 든다.

Basic info

★ **주소** 서울시 강남구 신사동 541-17 ★ **전화번호** 02-3443-1952
★ **영업시간** 오후 6시~새벽 2시 ★ **휴무일** 공휴일, 명절
★ **쉽게 찾아가기** 지하철 3호선 신사역 8번 출구에서 직진, Show 끼고
좌회전 오른쪽 위치 ★ **주차** 가능

「한잔의 추억」

속이 꽉 찬 고추튀김, 청양고추를 잘게 썰어 튀김 반죽에
섞어 튀긴 매콤한 프라이드치킨은 생맥주 맛을 더욱 좋
게 하는 마술을 부린다. 생맥주와 고추튀김, 프라이드치
킨을 먹고 마시다 마음속 앙금은 물론 내일의 걱정까지
싹 사라진다.

내일 걱정까지
잊게 만드는 곳

_한잔의 추억

'무모하게도' 새벽에 바에서 아르바이트를 한 적이 있었다. "아르바이트? 할 수도 있지"라고 말한다면 다시 한 번 '무모하게도!' 라고 강조하고 싶다. 회사를 다니는 중이었기 때문이다.

아침 7시 30분 기상, 오전 9시부터 오후 6시까지 회사 근무, 오후 8시 바에 도착, 새벽 3~4시까지 근무. 잠자는 시간을 절반 이상 줄인 강행군이었다. 그렇게 3개월을 버텼고, 결국 체력이 고갈되어 그만두고 말았다. 그 일을 계기로 밤늦게까지 술집에서 근무하는 모든 사장님들과 아르바이트생들을 무한히 존경하게 되었다. '졸음과의 싸움, 취객과의 싸움에서 이겨낸 진정한 승자'라고 말하면 너무 오버이려나?

3개월의 강행군 후에 얻은 것이 하나 더 있다. 바로 맛있는 생맥주의 비결이다. 생맥주는 자고로 시원하고 톡 쏘는 맛이 생명이다.

그런데 그 비결은 의외로 간단하다. 그건 맥주의 종류도, 사장님의 특별한 노하우도 아니다. 바로 '사람'이다. 생맥주의 소비량이 많으면 많을수록 신선한 생맥주는 계속 쏟아져 나온다.

'한잔의 추억'은 생맥주를 마시고 싶을 때면 가장 먼저 생각나는 곳이다. 거의 매일 이 넓은 가게에 손님이 꽉 들어차는데, 그들 대부분은 생맥주를 마신다. 그래서 그런지 이곳의 생맥주는 유독 시원하고 톡 쏘는 청량감이 살아 있다. 생맥주의 시원함을 살리기 위해 유리잔을 냉동고에 항상 넣어두는 것은 기본. 당면과 고기로 속이 꽉 찬 고추튀김, 청양고추를 잘게 썰어 튀김 반죽에 섞어 튀긴 매콤한 프라이드치킨은 생맥주 맛을 더욱 좋게 하는 마술을 부린다. 먹고 마시다 보면 마음속 앙금은 물론 내일의 걱정까지 싹 사라진다.

이곳에서 다른 것 시키면 잔말 말이 필요 없다. 잘게 썬 고추가 군데군데 박힌 바삭한 프라이드치킨은 정겨운 맛을 자랑한다.

Best order tip

4인 (1인당 7,000원)

술 생맥주 12,000원(1잔에 3,000원)
안주 프라이드치킨 16,000원

★매콤한 해물떡볶이도 추천하고 싶은 메뉴. 단, 배고픈 사람이 셋 이상 모였을 때 주문하자. 양이 엄청나게 많다.

언제나 바글바글 사람이 많은 이 곳. 이곳엔 다른 곳에서는 맛볼 수 없는 특별함이 있다.

Basic info

★ **주소** 서울시 강남구 신사동 549-9   ★ **전화번호** 02-541-0969
★ **영업시간** : 오후 5시~새벽 3시   ★ **휴무일** 명절
★ **쉽게 찾아가기** 압구정 현대고등학교 맞은편, 신사동주민센터 옆 골목
진입, 첫 번째 골목에서 좌회전   ★ **주차** 불가

알고 마시자

about sake

"사케" 선택의 테크닉

와인보다 어려운 것이 사케 고르기이다. 사케는 알코올 도수가 13~17도로 낮아 가볍게 즐길 수 있어 좋지만, 제조방법이나 재료에 따라 종류가 다양하기 때문이다.

★ 원재료를 살펴라

사케는 쌀을 얼마나 넣어 만들었는가에 따라 고급주인지 아닌지를 확실히 구분할 수 있다. 최고급 사케는 순수 쌀로 빚은 것으로, 준마이슈(순미주)라 한다. 쌀과 물만으로 만들기 때문에 고도의 기술과 정성을 들여야 한다. 혼조조슈(본양조주)는 주정(양조 알코올) 첨가를 법적으로 '쌀 1톤에 120리터 미만'으로 제한한 사케다. 즉 준마이슈에 주정을 섞어 도수를 높인 다음 다시 물을 섞어 양을 늘린 사케다.

이런 고급주들을 제치고 일본에서 소비되는 사케의 90%는 모두 후쓰슈(보통주)에 속한다. 일반적으로 보통주라고 하면 쌀의 정미율이나 주조 방법이 정해져 있지 않고 조미료, 산미료 등 다양한 첨가물을 넣어 만드는 사케를 말한다.

★ 조주법을 고려하라

술은 만드는 방식에 따라 맛이 달라진다. 일반 사케는 열처리로 술맛을 보존하는 방식을 취하고 있는데, 사케를 만드는 방식의 차이와 그에 따른 맛의 변화를 알면 남들보다 뛰어난 사케 전문가라는 소리를 듣게 될 것이다.

* **나마자케(생주)** 발효 후 미세한 필터에 걸러 살균과정 없이 병에 넣어 만든 술. 맛은 풍미가 있고 신선하며 부드럽다. 일본에서는 신선한 사케로 많은 사랑을 받고 있지만 국내에서는 유통에 어려움이 많아 한두 가지 정도만 판매되고 있다.
* **나마조조슈(생저장주)** 발효 후 저온살균을 거쳐 병에 넣은 술. 은은한 과일 향이 난다.
* **고슈(고주)** 청주를 빚어 오크통에 장기간 숙성시켜서 만든 술. 일반 사케에서는 느낄 수 없는 무겁고 중후한 맛과 향이 특징이다. 보통 3~10년은 숙성시켜야 고주라고 부른다. 유통상의 어려움 때문에 국내에는 한두 가지 정도만 들어와 있다.

★ 정미율을 확인하라

사케는 쌀을 얼마나 도정하는가('정미'라 한다)에 따라서 술의 등급이 나뉜다. 퍼센트(%)로 표시되는 정미율은 쌀의 겉면을 어느 정도 깎아냈는지를 나타내는 수치로, 정미율 60%라고 하면 쌀의 40%를 깎아내고 나머지 60%를 사용해서 그 술을 만들었음을 뜻한다. 참고로, 우리가 먹는 백미는 정미율이 90~95%이다. 사케를 만들 때 도정하는 이유는 쌀의 표층부나 배아에 있는 비타민류, 단백질, 지방질 등 각종 영양소를 제거하기 위해서다. 이 성분들은 누룩이나 효모의 증식과 발효에는 도움이 되지만 지나치게 많으면 효모나 효소의 활동을 너무 활성화해 술맛을 저하시키는 원인이 된다. 그래서 도정으로 주조에 불필요한 성분을 제거, 사케의 향과 맛을 더욱 살리는 것이다.

정미율은 일반적으로 술 이름에 표기되어 있는데, 정미율에 따른 사케의 분류를 알면 고급주와 그렇지 않은 술을 구분할 수 있다. 즉 고급주일수록 도정을 많이 한 쌀로 빚어진다. 순도가 높다는 말인데, 그렇기에 좋은 사케는 맑은 물 같다. 여기에 방부제나 첨가물을 넣지 않으면, 순수한 좋은 술이라고 말할 수 있다. 준마·이급 이하의 사케는 섬세함은 떨어지고 맛 자체가 강해 소수의 마니아만 형성되어 있다.

● 정미율에 따른 사케의 분류

등급		명칭	정미율
1	다이긴죠	준마이 다이긴죠	50% 이하
		다이긴죠	50% 이하
2	긴죠	준마이 긴죠	60% 이하
		긴죠	60% 이하
3	준마이	도쿠베츠 준마이	60% 이하
		준마이슈	70% 이하
4	혼죠조	도쿠베츠 혼죠조	60% 이하
		혼죠조	70% 이하

＊사케를 1등급, 2등급 식으로 분류하지는 않지만, 이해를 돕기 위해 부득이하게 1~4등급으로 분류했다.

알고 마시자

★ 라벨의 숫자로 맛을 예상하라

사케는 쌀을 얼마나 도정하는가('정미'라 한다)에 따라서 술의 등급이 나뉜다. 퍼센트(%)로 표시되는 정미율은 쌀의 겉면을 어느 정도 깎아냈는지를 나타내는 수치로, 정미율 60%라고 하면 쌀의 40%를 깎아내고 나머지 60%를 사용해서 그 술을 만들었음을 뜻한다. 참고로, 우리가 먹는 백미는 정미율이 90~95%이다. 사케를 만들 때 도정하는 이유는 쌀의 표층부나 배아에 있는 비타민류, 단백질, 지방질 등 각종 영양소를 제거하기 위해서다. 이 성분들은 누룩이나 효모의 증식과 발효에는 도움이 되지만 지나치게 많으면 효모나 효소의 활동을 너무 활성화해 술맛을 저하시키는 원인이 된다. 그래서 도정으로 주조에 불필요한 성분을 제거, 사케의 향과 맛을 더욱 살리는 것이다.

정미율은 일반적으로 술 이름에 표기되어 있는데, 정미율에 따른 사케의 분류를 알면 고급주와 그렇지 않은 술을 구분할 수 있다. 즉 고급주일수록 도정을 많이 한 쌀로 빚어진다. 순도가 높다는 말인데, 그렇기에 좋은 사케는 맑은 물 같다. 여기에 방부제나 첨가물을 넣지 않으면, 순수한 좋은 술이라고 말할 수 있다. 준마이급 이하의 사케는 섬세함은 떨어지고 맛 자체가 강해 소수의 마니아만 형성되어 있다.

맛있는 사케 Best 10

● 쿠보타 만쥬
170년 전통을 지켜온 쿠보타 브랜드의 최고봉으로, 대대로 이어받은 장인의 혼을 담은 술. 한정 생산, 한정 판매해 품귀현상 때문에 프리미엄이 붙기도 한다.

● 가라탄바
저렴한 가격으로 편하게 즐길 수 있는 사케로, 깨끗한 맛이 돋보인다.

● 온나 나카세
'여자를 울린다'는 재미있는 이름의 사케. 은은한 쌀 향이 기분 좋은 술.

● 메이보 요와노 츠키
'midnight moon'이란 뜻으로 뉴욕의 일식 레스토랑에서 인기가 많은 사케. 톡 쏘는 드라이한 맛이 특징.

● 오우곤 긴로
금분이 아닌 금박이 동동 떠다니는 술이라 특별한 날 먹으면 좋다.

하나후케츠

소박하면서도 은은한 꽃향기
가 우아한 느낌이다. 식사와
함께 즐겨도 좋은 술이라서
부모님께 대접하면 좋을 듯.
꽃, 바람, 달이라는 이름 또
한 낭만적.

조야 사라리

매실 와인으로 작은
양에 순한 맛이라 식
사와 마시면 좋다.

간바레 오또짱

'힘내 아빠'라는 재밌는 이름과
귀여운 패키지. 실제 일본에서
힘든 샐러리맨에게 힘을 주자
라는 의미로 기획된 술이라고.
달콤한 느낌의 사케로 저렴한
가격이라 여러 명이 즐기기에도
좋다.

조야 매실주

일본 매실 명산지인 기주(紀州)
남고매실(南高梅)을 설탕과 알
코올만 혼합하여 옛 방식 그대
로 오랫동안 숙성시킨 술. 매실
향이 순수하고 향긋하다. 찬물
이나 뜨거운 물을 타 칵테일처
럼 즐겨도 맛있다.

하쿠류 고모가부리

누구나 좋아할 만한 부드러
운 맛에 멋진 패키지 때문
에 기념일에 마시면 좋다.
다 마신 패키지는 장식용으
로도 활용할 것.

사케 맛있게 마시는 법

사케를 뜨겁게 데워서 마시는 술이라고 많이 알고 있지만, 원래 향을 즐기려면 차갑게 먹는 것
이 좋고, 좋은 술일수록 차갑게 먹는다. 데울 경우에는 중탕으로 데우고, 너무 뜨겁게 데우면 알
코올이 날아가 좋지 않으니 40~60℃로 데워야 한다

도움말 | 메종슈슈 김승용 대표이사, 니혼슈 코리아, 태산주류

요리가
맛있는
THE 술집

The Soolzip

강남 기타

「땅」

땅은 베트남 레스토랑이다. 가벼운 만남에 술과 식사를
함께 즐기기에 딱 좋은 곳으로, 인테리어는 빈틈없을 정
도로 세련되지만 누구와 들러도 따뜻하고 편안한 느낌을
주는 곳이라 부담이 없다.

Special info

★ **추천 포인트** 강남역에서 맛있는 음식과 술, 좋은 분위기를 고루 갖춘 곳 중 하나.

★ **주종** 막걸리

★ **인기 메뉴**
분차 25,000원부터, 롤 7,000원

★ **예약 여부** 가능

★ **추천 명수** 2명

전쟁터에서
꽃을 발견하다

_땅 TaNG

주말의 강남역은 전쟁터다. 특히 금요일과 토요일 밤에 강남역 주변을 유유히 걷는다는 건 무모한 행위이며 절대 불가능한 일이다.

오래 전 씨티극장 앞에서 택시를 잡아본 적이 있었다. 택시를 잡기까지 걸린 시간은 1시간 30분! 강남대로에서 택시를 잡는 사람은 수십 명인데 닳고 닳은 택시 아저씨가 5,000원도 채 나오지 않는 거리에 있는 우리 집 따위에 관심이 있을 리 없었다. 그 일 이후로 어지간한 마음가짐으로는 강남역으로 발길을 옮기지 않는다. 지인에게 장소를 추천할 때도 가능하면 강남역 부근은 제외시킨다. 특별한 사람 즉, 한 달 동안 산 속에 틀어박혀 있느라 한동안 사람 구경을 못한 사람이나, 차가 막히는 것이 아니라 사람이 막히는 것을 경험해 보고 싶은 사람에게만 강남역 구경을 권할 정도다.

하지만 강남역은 서울 생활을 하는 데 빼놓을 수 없는 지역이다. 강남역 부근을 오가는 사람들 중 절반 이상이 그럴 테지만, 교통이 편리하다는 이유로 여러 사람들을 만날 때면 "강남역에서 보자"고 외치게 된다. 그 때마다 즐겨 찾는 곳이 바로 '땅'이다. 땅은 베트남 레

T a N G

땅의 대표메뉴 '분차'

스토랑이다. 가벼운 만남에 술과 식사를 함께 즐기기에 딱 좋은 곳으로, 누구와 들러도 따뜻하고 편안한 느낌을 주는 곳이라 부담이 없다.

땅의 메뉴 중에서 가장 특별한 것은 분차다. 분차는 차가운 버미셀리(일반 쌀국수 면보다 가느다란 쌀국수 면), 채소, 새콤한 피시소스, 달콤하게 구운 돼지고기구이가 한 세트인 메뉴로 버미셀리와 채소, 고기구이를 한꺼번에 소스에 살짝 적셔 먹어야 제맛이다. 소스와 채소의 상큼함에 숯불 냄새가 확 풍기는 구운 돼지고기의 맛이 잘 어울리고 먹는 방법과 맛도 새롭다.

분차는 맥주와 궁합이 맞지만 이곳에서만 볼 수 있는 딸기 맛의 막걸리 칵테일과 먹으면 더욱 맛있다. 막걸리 칵테일은 알코올 도수 15도의 진한

★ **분차와 막걸리 칵테일** 달콤하게 구운 돼지고기와 채소를 국물에 퐁당 적셔 먹는 분차. 딸기 향이 나는 막걸리는 이름이 미정.

Best order tip

2인 (1인당 27,500원)

술 화요 500㎖ 20,000원 이상
안주 비프 앤 그릴 25,000원
쌀국수 10,000원

3인 (1인당 약 15,000원)

술 막걸리 칵테일 9,000원
(1잔당 3,000원)
안주 돼지고기 분차 25,000원
스프링 롤 10,000원

생막걸리로 만들어 막걸리 특유의 새콤함과 달콤한 딸기 향이 돋보이는, 여자를 위한 술이다. 여자 손님이 많은 만큼 앞으로도 부드러운 맛과 향을 가진 특별한 칵테일들을 많이 선보일 예정이라고.

땅은 강남역에 있는 수많은 매장들 중에서 맛있는 음식과 술, 좋은 분위기를 고루 갖춘 몇 안되는 곳 중 하나다. 처음 땅을 보았을 때 난 마치 전쟁터에서 꽃을 발견한 것 같은 기분이었다. 그래도 강남역답게 적당히 시끄럽고 왁자지껄해 유쾌한 기분도 선물해준다.

독한 화요와 막인
비프 앤 그릴

2~3명의 조촐한 만남도 대규모 모임도 모두 가능하다. 가운데 커다란 테이블을 15명정도 앉을 수 있다.

Basic info

★ **주소** 서울시 강남구 역삼동 601-1 연우빌딩 1층   ★ **전화번호** 02-554-0707
★ **영업시간** 오전 11시 30분~오후 3시, 오후 5시 30분~오후 10시 30분
★ **휴무일** 연중무휴   ★ **주차** 가능(발렛)
★ **쉽게 찾아 가기** 지하철 9호선 신논현역 4번 출구로 나오자마자 오른쪽, 강남 교보타워 맞은편

「스미스 선생」

스미스선생은 맛있는 요리와 좋은 분위기가 한층 돋보이
는 곳이다. 분위기를 내고 싶은 날에 들러 복층 자리에
앉아 반짝이는 샹들리에를 바라보며 맥주 한 잔 할 수 있
다면 좋겠다.

smith 先生

eat.drink.talk.laugh.

Special info

★ **추천 포인트** 쿨해지고 싶을 때 시원한 맥주를 마시며 새우튀김을 아작아작 씹어봐!

★ **주종** 맥주, 사케

★ **인기 메뉴**
쇠고기 타타키 28,000원,
바지락 버터찜 13,000원

★ **예약 여부** 가능

★ **추천 명수** 2명

카페 같은
이자카야

_스미스선생 smith先生

유명 CF 감독인 백종렬 감독과 사진작가 홍장현 씨가
합심해 문을 연 '스미스선생'. 가게에 들어서면 한가
운데에 달린 커다란 샹들리에가 시선을 사로잡는다.
이 샹들리에는 CF에도 출연한 적 있는 비싼 몸.
이자카야이지만 내부는 모던한 레스토랑 같은 느낌을
준다. 탁 트인 높은 천장과 복층 구조는 뉴욕 맨해튼
의 쿨(cool)한 바에 온 듯 이국적이고 샹들리에 아래
의 알록달록한 테이블들은 내부 공간을 한층 밝게 만
들어준다. 인테리어와 상관없이 음식은 이자카야에
걸맞은 메뉴들을 판매한다. 마와 낫토, 붉은 참치살,
새우살이 함께 나오는 전채요리, 모든 이자카야에서
판매하는 닭튀김인 치킨 가라아게, 연어살과 연어알
이 듬뿍 들어 살살 비벼 먹는 연어 치라시스시 등 하
나같이 깔끔하고 군더더기가 없는 맛이다.
이곳에서 꼭 맛보아야 하는 요리는 모둠새우튀김인데
5마리의 대하, 10마리의 중하, 작은 벗꽃새우 한 사발

CF에도 출연했다는 커다란 샹들리에
는 스미스선생의 대표 아이콘. 한 개
한 개 다 다른 알록달록한 의자와 테이
블이 기분 좋게 만든다.

스미스선생의 간판

smith先生

이 나온다(벚꽃새우는 새끼손톱만한
작은 새우). 양이 많은 데다 바삭바삭
하게 잘 튀겨져 머리부터 꼬리까지
남김없이 아작아작 씹어 먹을 수 있
다. 대하와 중하보다도 벚꽃새우가
특히 고소하다. 이것만 있으면 맥주
를 얼마든지 마실 수 있다.

스미스선생은 맛있는 요리와 좋은 분
위기 때문에 나의 단골집 리스트에 오
를 날이 멀지 않았다. 연인과 분위기를
내고 싶은 날에 들러 복층 자리에 앉아
반짝이는 샹들리에를 바라보며 맥주
한 잔 한다면 온 세상의 축복을 다 받
는 듯한 환상에 빠지게 될 것이다.

★ **모둠새우튀김** 방금 싱싱한 새우를 들여온 듯 달콤한 새우살도 일품이고 겉은 아삭, 속은 부드럽게 튀기는 기술도 일품이다. 아쉬운 점은 튀김에 찍어 먹는 폰즈, 돈가스소스 같은 맛의 소스와 무, 와사비가 곁들여 나오는데 다소 어울리지 않아 튀김이 아까울 정도. 무나 소금을 더 부탁해 무를 듬뿍 넣어 먹거나 소금을 찍어 먹는 것이 더 맛있다. 맥주와는 최고의 궁합을 자랑한다.

★ **가쿠니** 일콘식 조림 요리 가쿠니. 짭조름해서 밥반찬으로도 훌륭하다.

★ **쇠고기 타타키** 하루 동안 숙성시킨 타타키를 특제 폰즈에 찍어 먹는다.

스미스선생을 다녀 간 사람들의 흔적

Basic info

★ **주소** 서울시 강남구 논현동 31　★ **전화번호** 02-3446-0990
★ **영업시간** 오후 4시~새벽 2시　★ **휴무일** 일요일　★ **주차** 가능(발렛)
★ **쉽게 찾아가기** 지하철 3호선 신사역 1번 출구 직진, 영동관광호텔 옆길로 직진, 막다른 삼거리에서 좌회전

「와인 북카페」

바롱워스의 대표가 직접 운영하는 와인 바답게 이곳 실내 곳곳에는 와인 관련 서적이 즐비하다. 특히 로버트 파커의 책을 독점으로 수입하고 있어 서점에서도 볼 수 없는 진귀한 책들을 구경할 수 있다. 와인이 있고 책이 있는 곳에서의 한잔, 생각만으로도 뿌듯하다.

Special info

★ **추천 포인트** 맛있는 요리와 함께 와인을 꿀꺽꿀꺽 마시고 싶다면 누구나 환영!

★ **주종** 와인

★ **인기 메뉴** 페퍼로니 피자 18,000원, 게살크림 파스타 13,000원

★ **예약 여부** 가능

★ **추천 명수** 4명 혹은 6명

와인, 맛있는 음식,
책이 함께 만드는 공간

_와인북카페 WINE BOOKCAFE

와인북카페는 바롬웍스(와인 전문 서적 등 와인 관련 콘텐츠를 개발하는 회사)의 대표가 직접 운영하는 와인 바답게 실내 곳곳에 와인 관련 서적이 즐비하다. 특히 유명한 와인 평론가이자 얼마 전 우리나라에도 방문했던 로버트 파커의 책을 독점으로 수입하고 있으며, 그 외에 서점에서도 볼 수 없는 진귀한 책들을 구경할 수 있다. 원한다면 꺼내어 읽어볼 수도 있어서 '언젠가 혼자 들러 책을 읽어봐야지' 하고 벼르고 있다.

와인 리스트 또한 놀랄 만큼 풍성하다. 약 500여 종의 와인이 있는데, 놀라운 사실은 그 많은 와인들의 90% 이상을 매장에서 보관하고 있다는 점이다. 게다가 비싸고 좋은 와인도 있지만 3만~5만 원대의 와인이 많고 다른 곳보다 저렴하게 판매한다. 간혹 와인 프로모션이 있어 운이 좋으면 10만 원대의 와인을 3만~4만 원의 저렴한 가격에 마실 수도 있다.

와인북카페에서는 와인과 함께 이탈리아 음식을 판매하는데 정통 이탈리안 레스토랑 못지않게 음식이 정말 맛있다. 특히 버섯과 쇠고기를 넣어 만든 진한 크림파

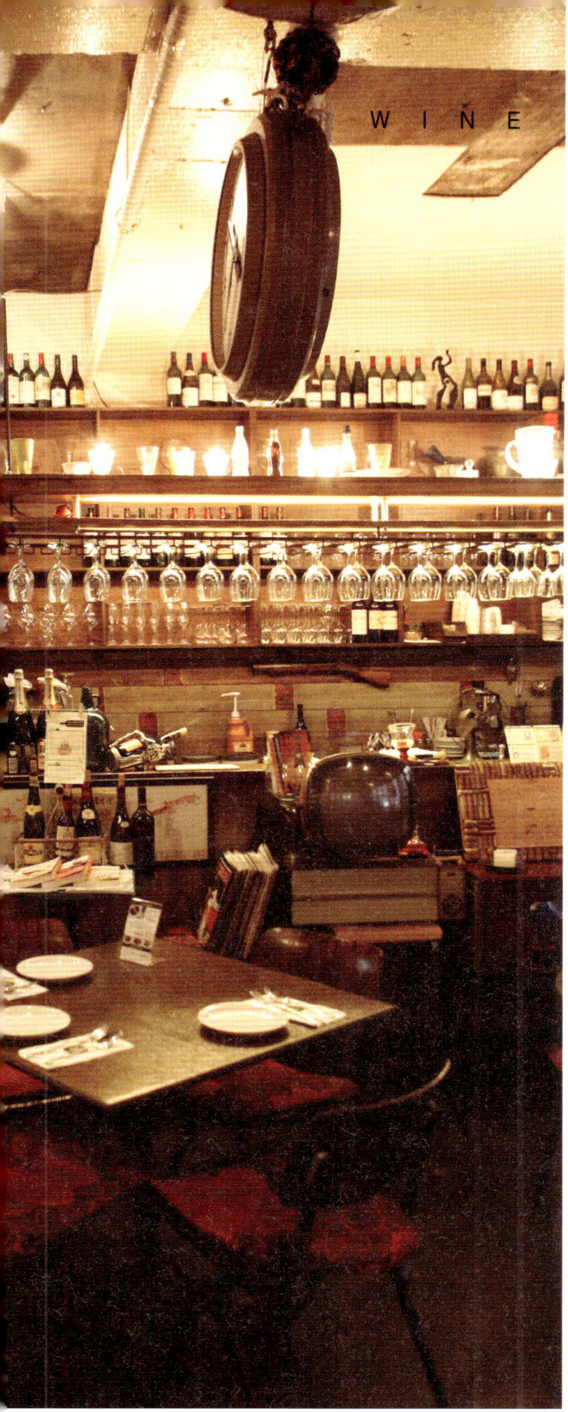

WINE BOOKCAFE

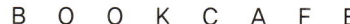

스타는 느낌이 묵직한 것이 크림과 치즈가 듬뿍 든 파스타답다.

그동안 이곳을 다니며 가장 궁금했던 것은 이름이다. 어떻게 생각하면 이탈리아 레스토랑이고, 어떻게 생각하면 와인 바인데 이름은 왜 와인북카페라고 지었을까? 주인장에게 물어보니 아늑하고 편안하게 와인 북을 읽으러 왔으면 하는 마음에 그렇게 지으셨단다. 아무래도 수일 내에 책을 읽으러 와야겠다.

어느 누구를 데리고 와도 기분 좋게 식사하면서 맛있는 와인을 즐길 수 있는, 거기에 가격까지 적당해 가벼운 지갑으로도 편히 즐길 수 있는 곳이 와인북카페다.

사방이 나무 창문으로 되어 있어 겨울에는 다소 추운 것이 흠이다. 따뜻하게 입고 가자. 매장 한가운데에는 커다란 시계가 걸려 있는데 단순히 인테리어용으로 걸어둔 것이니 시간 확인은 핸드폰으로! 그 시계 믿었다가 낭패 본다.

Best order tip

4인 (1인당 28,250원)

술 제이콥스 로제 스파클링 47,000원

안주 페퍼로니 피자 18,000원
고르곤졸라 파스타 18,000원
해산물구이 30,000원

★ **봉골레 스파게티** 모시조개로 만든 봉골레는 소스 자체가 화이트와인으로 만들어진다. 그래서 화이트와인과 아주 잘 어울린다. 특히 프랑스 알자스 지방의 리슬링종으로 만든 트림바(Trimbach, 6만 원대)는 드라이하고 산도가 높아 시원하게 마시면 봉골레와 더없이 잘 어울린다.

★ **모둠버섯구이** 새콤한 발사믹 소스와 향긋한 허브 소스가 버무려진 모둠버섯구이. 이 요리에는 브루고뉴(Bourgogne, 8만 원대)라는 레드와인이 찰떡궁합. 브루고뉴는 '루드몽'이라는 와이너리에서 생산되는 레드와인으로 산도가 높아 새콤한 맛이 돋보이고, 과일과 꽃 향이 향긋하고 가벼운 느낌이라 부담이 없다. 루드몽 와이너리 주인은 일본 남자와 한국 여자 부부란다. 그래서인지 '天地人'이라는 한자가 희미하게 새겨져 있다.

바틀웍스에서 운영하는 만큼
바틀웍스에서 출간된 와인 책들을
할인된 가격에 구입할 수 있다.

Basic info

★ **주소** 서울시 강남구 논현동 8-9 　　★ **전화번호** 02-549-0490

★ **영업시간** 오전 11시 30분~새벽 2시 　　★ **휴무일** 일요일 　　★ **주차** 가능(2대 정도)

★ **쉽게 찾아 가기** 지하철 3호선 신사역 1번 출구 직진, 강남을지병원 사거리에서 학동역
사거리 방향으로 우회전, SK주유소 끼고 우회전

「맘마키키」

와인 바답게 100여 종의 와인이 구비되어 있고, 4만 원대에서 10만 원대까지 가격대 또한 다양하게 구성되어 있다. 게다가 처음 가도 단골인 듯, 단골이어도 처음 간 듯 차별 없이 늘 한결같은 모습이 편안하고 포근하다.

Special info

★ **추천 포인트** 바지런한 손길로 이것저것
챙겨주는 엄마의 손길이 필요한 사람들
이여, 맘마키키로 가라!

★ **주종** 와인

★ **인기 메뉴** 와사비소스 삼겹살 18,000원,
모둠치즈 30,000원

★ **예약 여부** 가능

★ **추천 명수** 2명 혹은 4명

개성 만점 여사장님,
안녕하세요

_맘마키키 Mamma KiKi

맘마키키의 여사장님은 항상 길게 땋은 머리에 베레모를 쓰고 다니신다. 그 모습이 인상적인 데다 행동 하나하나에서 친절함이 물씬 풍겨 한 번 뵈면 쉽게 잊히지 않는다.

여사장님은 쉴 새 없이 좁은 가게를 왔다 갔다 하신다. 이 테이블에 안주가 떨어졌다 싶으면 과일과 크래커를 내어주고, 어느 순간 커다란 과자 통을 들고 나타나서는 테이블마다 한 주먹씩 주고 가신다. 혼자 온 사람이 있으면 와인 잔을 들고 가 친한 친구처럼 잔을 부딪쳐주기도 하고, 과하게 와인을 마신 사람에게는 이제 그만 마시라고 호통도 치신다. 잠시라도 가만히 계시질 않는다. 처음 가도 단골인 듯, 단골이어도 처음 간 듯 차별 없이 늘 한결같이 대하는 모습이 편안하고 포근하다.

그렇다고 마냥 재밌기만 한 곳은 아니다. 와인 바답게 100여 종의 다양한 와인이 구비되어 있고, 4만 원대에

서 10만 원대까지 가격 또한 다양하
게 구성되어 있다. 커다란 창문을 삥
둘러 쭉 꽂아놓은 꽃은 3~4일에 한
번씩 직접 사 오신다는데, 언제 와도
싱싱하다. 가게의 구석구석 여사장님
의 손길이 미치지 않은 곳은 없나보
다. 이처럼 바지런한 여사장님 덕분
인지 맘마키키는 주중에도 항상 사람
이 바글바글하다.

맘마키키 생각만 하면 서래마을 주민
들이 한없이 부러워진다. 맛있는 안
주가 있고 맘씨 좋은 여사장님에 질
좋은 와인이 있는 와인 바가 손만 뻗
으면 닿을 거리에 있으니 얼마나 행
복할까.

★ **와사비소스 삼겹살구이** 코끝이 찡한 와사비소스가 뿌려진 삼겹
살구이는 맘마키키의 인기 메뉴다. 쌉쌀하고 드라이한 레드와인
인 샤또 클락과 똑 떨어지는 궁합.

★ **모둠치즈** 와인과 가장 잘 어울리는 스테디셀러 안주. 이곳의 모
둠치즈는 블루치즈, 훈제치즈, 생모짜렐라, 까망베르, 과일치즈
등 10~12가지나 되는 치즈를 조금씩 내어주어 골라 먹는 즐거
움이 있다.

★ **아니스톤 베이(ARniston Bay)** 차갑게 즐기면 더욱 상큼하다.
레드와인을 마신 후 입가심으로도 잘 어울리는 와인이다.

Side Tip

저녁에는 한 잔씩 판매하는 와인은 판매하지 않는다. 3명 이상
들르거나, 둘이 가더라도 한 병 주문을 각오하고 가는 것이 좋다.

Best order tip

3인 (1인당 27,000원)

술 아니스톤 베이 50,000원
안주 모둠치즈 30,000원

4인 (1인당 28,250원)

술 샤또 클락 95,000원
안주 와사비소스 삼겹살구이 18,000원

M a m m a   K i K i

테이블마다 놓여 있는 삶은
달걀. 맘마키키만의 특별한
기본 안주다.

아기자기하고 빈티지한
소품이 여사장님을 닮았다.

맘마키키를 작게 축소해놓은 모형.
예전 아르바이트생이 여사장님에게
선물한 것이라고. 안을 들여다보면
너무나 똑같은 모습에 입이 딱 벌어진다.

Basic info

★ **주소** 서울시 서초구 반포4동 93-5   ★ **전화번호** 02-537-7912
★ **영업시간** 오후 5시~새벽 1시   ★ **휴무일** 일요일   ★ **주차** 가능
★ **쉽게 찾아가기** 서래마을 입구에서 방배중학교 방면 직진, 왼쪽에 스타벅스 골목 진입, 왼쪽 위치

「젠 하이드어웨이」

매장의 분위기만큼이나 뛰어난 맛을 자랑하는 젠의 음식
은 한식, 일식, 베트남식, 태국식, 싱가포르식, 피자나 파
스타와 같은 이탈리아 음식까지 다양하다.

Special info

★ **추천 포인트** 침엽수림 중심의 정원과
인공 연못이 있어 자연이 주는 편안
함을 느낄 수 있으며, 낮과 밤의 분위
기가 확연히 달라 언제 와도 좋은 곳

★ **주종** 소주를 제외한 대부분의 주류
를 판매하지만 와인을 추천

★ **인기 메뉴** 새우와 게살 야채마키
13,000원, 카오 팟 시푸드 12,000원

★ **예약 여부** 가능

★ **추천 명수** 5~6명

한두 잔의 와인도
부담 없이 즐긴다

_젠 하이드어웨이 ZEN HIDEAWAY

나는 극도로 화창한 날씨를 좋아한다. 비가 오는 날은 축축해서 싫고, 흐린 날은 이유 없이 울적해져서 싫고, 눈이 오는 날은 질척이는 바닥 때문에 구두가 망가져서 싫고, 바람이 많이 부는 날은 머리칼이 날려서 싫다. 무조건 햇빛이 쨍쨍 비치는 화창한 날이 좋다. 그런데 젠에 가기 좋은 날은 내가 싫다고 말한 비 오는 날, 흐린 날, 눈 오는 날, 바람 부는 날이다.

탁 트인 홀 가운데에 있는 커다란 정원과 인공 연못은 비 오는 날 진가를 발휘한다. 천장이 유리로 되어 있어 빗소리가 선명하게 들리는데, 마치 열대 우림에 비가 오는 것 같은 환상을 일으킨다. 흰 커튼이 드리워진 좌식의 방갈로는 바람이 부는 날 앉아 있노라면 가장 안전한 곳에 앉은 듯 포근하고 매장 곳곳에 있는 분수의 물소리를 듣고 있노라면 울적한 기분이 서서히 풀어진다.

매장의 분위기만큼이나 뛰어난 맛을 자랑하는 젠의 음식은 한식, 일식, 베트남식, 태국식, 싱가포르식 등 아시안푸드와 피자·파스타와 같은 이탈리아식까지

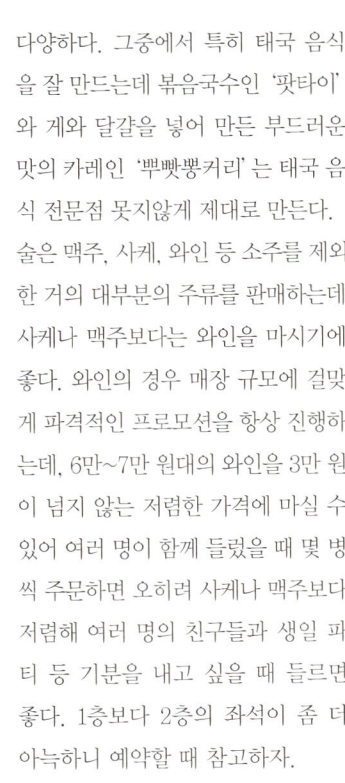

다양하다. 그중에서 특히 태국 음식을 잘 만드는데 볶음국수인 '팟타이'와 게와 달걀을 넣어 만든 부드러운 맛의 카레인 '뿌빳뿡커리'는 태국 음식 전문점 못지않게 제대로 만든다. 술은 맥주, 사케, 와인 등 소주를 제외한 거의 대부분의 주류를 판매하는데 사케나 맥주보다는 와인을 마시기에 좋다. 와인의 경우 매장 규모에 걸맞게 파격적인 프로모션을 항상 진행하는데, 6만~7만 원대의 와인을 3만 원이 넘지 않는 저렴한 가격에 마실 수 있어 여러 명이 함께 들렀을 때 몇 병씩 주문하면 오히려 사케나 맥주보다 저렴해 여러 명의 친구들과 생일 파티 등 기분을 내고 싶을 때 들르면 좋다. 1층보다 2층의 좌석이 좀 더 아늑하니 예약할 때 참고하자.

★ **타이식 블랙페퍼 등심볶음** 슬라이드한 등심과 채소, 버섯을 수끼소스와 블랙페퍼로 볶아냈디. 뜨거운 철판에 나와 지글지글한 소리까지 맛있다. 31,000원

★ **연어야채말이** 훈제연어에 채소, 케이퍼를 넣고 돌돌 말은 이 요리는 여자들이 특히 좋아하는 메뉴. 16,000원

테이블에는 항상 프로모션 안내판이 있다. 와인의 종류는 매달 바뀐다.

★ **고르곤졸라** 꿀을 찍어 먹는 커다랗고 특이한 모양의 고르곤졸라 피자 15,000원

Best order tip

5~6인

나름대로 코스를 구성해 전채요리, 샐러드, 메인 요리, 밥이나 파스타, 국수류를 2가지 정도 선택하면 5~6명의 저녁 모임에 좋다. 전채요리가 태국식이라면 샐러드는 베트남식, 메인은 싱가포르식으로 다양하게 선택하면 젠의 요리를 100% 즐길 수 있다.

Side Tip

★ 홍대점, 명동점, 압구정점이 있는데 정원과 연못을 볼 수 있는 곳은 압구정점뿐이다.

4~6명 정도가 신발을 벗고
편히 앉을 수 있는 방으로
는 최소 일주일 전에 예약
해야 자리를 잡을 수 있다.

에스닉한 느낌의 2층 좌석. 의자가
편안해 한참 앉아 있기에 좋다.

Basic info

★ **주소** [압구정점] 서울시 강남구 신사동 645-18 1~2층   ★ **전화번호** 02-541-1461
★ **영업시간** : 오전 11시 30분~새벽 2시   ★ **휴무일** 연중무휴   ★ **주차** 가능(발렛)
   (런치 : 오전 11시 30분~오후 2시 30분, 디너 : 오후 5시 30분~새벽 2시 / 차와 커피는 언제나 주
   문 가능 / 일요일은 자정까지 영업)
★ **쉽게 찾아가기** 지하철 3호선 압구정역 2번 출구에서 갤러리아 방향으로 도보 15분, 하성이불 골
   목으로 10분 정도 직진, 카페 두지엠 끼고 우회전

「소 머치 모어」

소머치모어의 가장 큰 매력은 보드카, 진 등 술을 병으로
주문하면 다른 곳에서는 추가 금액을 받는 주스를 무제
한으로 제공한다는 점이다. 거기에 모둠과일 안주까지
같이 나와 타수의 인원이 모여 한 잔씩 마시기에 좋다.

Special info

★ 추천 포인트 압구정동이나 청담동에서
무리 지어 모일 때 편안한 곳이다.
★ 주종 칵테일
★ 인기 메뉴 모히토 라임 피처 30,000원,
로얄 피치 12,000원, 보드카 크랜베리
피처 30,000원
★ 예약 여부 가능
★ 추천 명수 6명 혹은 8명

압구정에서 발견한
실속 바

_소 머치 모어 so Much MorE

압구정동이나 청담동에 있는 술집이나 바들은, 솔직
히 말해, 들어가기 전부터 부담스러운 것이 사실이다.
땅값 비싼 동네니 이해는 하지만, 술과 안주 값이 터
무니없이 비싸다. 그걸 감안하고 들어간 술집에서도
가끔 화를 내며 나올 때가 있다. 맛은 비싼 값에 미치
지 못하면서 겉보기에만 그럴듯한 음식이 나올 때다.
이렇게 한두 번 실망하고 나면 압구정동과 청담동의
술집들을 멀리하고 싶어진다. 게다가 조금만 움직이면
가로수길, 서래마을 등 합하고 캐주얼하게 즐길 수 있
는 곳이 있으니 아쉬울 게 없다는 생각이다. 그럼에도
불구하고 아직도 이곳을 벗어나기 힘든 이유는 다른
곳에서 접하기 힘든 신선한 충격을 주는 요리, 서비
스·인테리어 면에서 완벽한 레스토랑과 바들이 있기
때문이다.
압구정에서 친구를 만나기 위해 걷다가 우연히 발견
한 '소 머치 모어'는 편안한 분위기의 바여서 언제 한
번 가봐야지 하고 마음속에 담아놓았던 곳이다. 낮에
는 카페로 운영되고 저녁에는 라운지 바로 운영되는
소 머치 모어는 저녁에 가야 진가를 발견할 수 있다.

이곳의 칵테일은 맛이 부드러운 편이다. 처음부터 그랬던 것은 아니란다. 여자 손님이 많아지면서 베이스가 되는 술을 줄이고 맛을 내는 주스류를 좀 더 넣어 맛을 세심하게 조정했기 때문이라고. 매월 한 개씩 한정판 칵테일도 판매하니 놓치지 말자. 12월에는 크리스마스 한정판인 '메리베리 크리스마스' 라는 귀여운 이름의 칵테일을 판매했었다.

이곳의 가장 큰 매력은 보드카, 진 등 술을 병으로 주문하면 다른 곳에서는 추가 금액을 받는 주스를 무제한으로 제공한다는 점이다. 거기에 과일 안주까지 같이 나오니 다수의 인원이 모여 한 잔씩 마시기에 좋다. 그러니 무리 지어 모일 일이 있으면 소 머치 모어로 향하길.

눈부시게 새파란 힙노틱을 응용
한 칵테일은 톡 쏘는 맛과 시원한
색상이 특징이다. 더운 여름날
즐긴다면 기분까지 시원해질 듯.

모히토. 500㎖, 1ℓ
두 가지 사이즈로
사랑 수에 따라, 주
량에 따라 선택할
수 있다.

연말 한정판매 칵테일인 '베리
베리크리스마스'. 매달 한 개씩
한정판 칵테일을 판매한다.

★ **로얄 피치** 럼을 베이스로 한 복숭아 향의 칵테일. ★ **세븐** 힙노틱을 그대로 즐기기 위해 탄산수만 섞은 칵테일. 색상
만큼 기분 좋은 상쾌한 맛이 특징이다. ★ **앱솔루트 페어** 다양한 맛을 자랑하는 앱솔루트 보드카 중 단연코 향과 맛
에서 뛰어나다. 보드카는 흔히 크랜베리 주스와 섞어 마시지만 앱솔루트 보드카 페어는 특유의 향긋한 향을 살리기 위
해 맛이 진하지 않은 탄산수나 토닉워터, 진저에일 등에 타 마시는 것이 좋다. 한두 잔 정도 즐긴다면 8~10명 정도의
큰 모임에도 어울리는 술이다.

복숭아 향이 진한
슬러시 형태의 로열키치

Basic info

★ **주소** 서울시 강남구 신사동 653-10 1층 ★ **전화번호** 02-3447-7890
★ **영업시간** : 정오~새벽 2시   ★ **휴무일** 일요일, 명절   ★ **주차** 가능
★ **쉽게 찾아가기** 압구정 씨네시티 골목 진입, 크라제버거에서 우회전, 라노떼 맞은편

「테이스팅 룸」

한 잔씩 판매하는 하우스 와인은 감질나고, 더 맛있는 와인을 먹고 싶지만 그렇다고 한 병을 시키기에는 양이 많을 때 고민을 해소해주는 곳이 바로 테이스팅 룸이다.

tastingroom.

WHIPPED
CREAM
ESPRESSO

SPRESSO
ON PANNA

ESPRESSO

SPRESSO

MILK FOAM
STEAMED
MILK
ESPRESSO

PPUCINO

STEAMED
MILK
ESPRESSO

FFE LATTE

MILK FOAM
ESPRESSO

PRESSO
CCHIATO

WATER
ESPRESSO

ERICANO

한두 잔의 와인도
부담 없이 즐긴다

_테이스팅 룸 TASTINGROOM

외국인, 특히 유럽 사람들이 우리나라에 와서 의아하게 생각하는 것 중 하나가 와인 바란다. 그들에게 와인은 식사와 함께 즐기는 것이 자연스러운데, 우리나라에서는 '와인 바' 라는 이름의, 오로지 와인을 마시기 위한 바가 우후죽순으로 생겨나고, 그곳에 자리 잡고 앉아서는 한 병이고 두 병이고 취하도록 마시는 것이 신기하다는 것이다. 밥을 먹을 때 술을 잘 곁들이지 않는 우리네 정서상 밥은 밥이요, 술은 술이라서 빚어진 차이가 아닐까 한다.

와인 바가 곳곳에 충분히 있음에도 불구하고 알코올에 약한 사람이 와인을 즐기기에는 어려운 점이 있다. 한 잔씩 판매하는 하우스 와인은 감질나고, 더 맛있는 와인을 먹고 싶지만 그렇다고 한 병을 시키기에는 양이 많다. 보관이 까다로운 와인의 특성상 마시고 남길 수도 없다. 이런 고민을 해소해주는 곳이 바로 테이스팅 룸이다.

테이스팅 룸은 '맛보는 공간' 이라는 뜻에 걸맞게 6개의 와인 카라프(Carafe) 메뉴가 있어 부담 없이 와

인을 주문할 수 있다. '카라프'는 375㎖
(반병 정도 양)의 와인을 카라프라고
불리는 유리병에 담아 제공하는 테이
스팅 룸만의 메뉴이다. 두 명이라면
두 잔씩 마실 수 있는 양이라 부담 없
이 기분 좋게 즐길 수 있다.

병으로 주문할 수 있는 와인도 물론
있다. 1년에 몇백 상자만 생산되는 부
티크 와인과 극소량으로 생산되는 컬
트 와인이 그것인데, 와인 애호가라면
한 번쯤 들러볼 만하다. 이런 부티크
와인이나 컬트 와인은 미국에서 시작
된 것이라 이곳의 와인은 거의 대부
분 미국 와인이다.

이처럼 다른 곳에서는 보기 어려운
색다른 맛의 실험정신이 가득한 주인
의 와인 리스트는 다른 와인 바와 분
명한 차이를 보인다.

★ **시칠리아 에그팬** 매콤한 향의 스튜로 토마토, 바질, 반숙 달걀이 들어간다. 뜨끈뜨끈한 팬째 나와 마지막 한 스푼까지 따뜻하다. 반숙 노른자를 톡 터트려 빵에 찍어 먹다 보면 하얀 모짜렐라 치즈가 먹기 좋게 녹는다. 토마토 베이스에 매콤한 맛은 레드와인과 잘 어울리는 맛. 양이 제법 많다. ★ **치즈 플레이트** 와인 안주에는 빠질 수 없는 치즈 플레이트. 짭짤한 견과류와 과자, 큼직큼직하게 썬 치즈가 눈을 사로잡는다. 기다란 나무 도마에 한가득 나오는 치즈 플레이트는 4명이 먹어도 충분할 만큼 양이 많다. ★ **플랫 브레드** 커다랗고 납작한 피자로, 가벼운 안주에 속한다.

Best order tip

2인 (1인당 24,500원)

술 와인 카라프 30,000원대
안주 몬스터 플랫 브레드 19,000원

6인 (1인당 약 20,000원)

술 몬테 플치아노 54,000원
안주 치즈 플레이트 38,000원
　　　시칠리아 에그팬 27,000원

Side Tip

부티크 와인은 라벨부터 코르크까지 세세하게 디자인된 것이 특징이어서 소장 욕구를 불러일으킨다. 빈 병과 코르크를 기념 삼아 가져가는 것도 좋겠다.

이것이 바로 카라페, 유리병을 카라페라고 부르는데 둘이서 두 잔씩 나눠 마시면 딱 좋을 양이다.

수레에 와인 박스와 와인을 담아 놓은 모습이 재미있다.

Basic info

★ **주소** 서울시 강남구 청담동 117-12 ★ **전화번호** 02-512-2977 ★ **휴무일** 명절
★ **영업시간** : 오전 11시 30분~밤 12시 (일요일 오전 10시 30분~오후 4시 30분) ★ **주차** 가능
★ **쉽게 찾아가기** 청담사거리에서 갤러리아 방향으로 직진, 첫 번째 골목에서 우회전, 오른쪽에 위치

「하루에 샴페인라운지」

샴페인이 필요하거나 기분을 내고 싶은 어느 날, 이국적인
분위기에서 와인색 벨벳 소파에 몸을 묻고 가느다란 잔을
기울이며 샴페인을 마시고 있으면 마치 파리 시내의 바에
온 듯 우아한 기분이 든다.

Special info

★ **추천 포인트** 이국적이고 고급스러운 분위기에서 칵테일 한 잔!
★ **주종** 샴페인, 스파클링 와인
★ **인기 메뉴** 헨켈 트로켄 50,000원, 뵈브 클리코 옐로라벨 150,000원
★ **예약 여부** 가능
★ **추천 명수** 2명 혹은 4명 이상

우아함이란
이런 거야

_ 하루에 샴페인라운지

청담동에 오랫동안 자리를 지켜온 카페 '그랜드 하루에'가 지하 1층에 샴페인 라운지를 열었다. 하루에 특유의 와인색 소파 좌석은 그대로 유지하고, 거기에 좀더 아늑하고 프라이빗한 느낌을 더해 오로지 샴페인만을 즐길 수 있는 공간이다. 일일이 수작업을 했다는 아름다운 유럽풍 천장 벽화와 화려하고 이국적인 분위기가 돋보이고, 등이 높게 만들어진 소파는 그 자체가 파티션 역할을 해 앉아 있노라면 옆 좌석과 확실히 분리되어 아늑한 기분이다.

여기서 잠깐 아는 체를 할 테니 조금만 참아주길. 우리는 보통 '퐁' 소리와 함께 거품이 올라오는 것을 샴페인이라고 부른다. 그런데 샴페인이란 호칭을 정확하게 쓰자면 프랑스 샹파뉴 지방에서 만든 스파클링 와인만을 샴페인이라고 부를 수 있고, 그 외에는 스파클링 와인이다. 그러니 우리가 알던 샴페인 대부분이 스파클링 와인인 것이다. 하루에는 샴페인 라운지인 만큼 오로지 샴페인과 스파클링 와인만을 판매한다. 가장 럭셔리한 샴페인인 돔 페리뇽과 대표 샴페인 모엣 샹동과 뵈브 클리코가 가장 많은 수를 차지하는데, 특히 모엣 샹동과 뵈브 클리코는 로제 샴페인인 핑크

앉으면 아늑한 좌석, 등 부분이
둥글려져 있어 옆 테이블 얘기도
잘 안 들린다.

라벨이나 2000년, 2002년에 생산된 그랜드 빈티지(Grand Vintage) 등 시중에서는 보기 힘든 종류를 마실 수 있고 가격이 의외로 다른 와인 바보다 저렴하다(샴페인은 비법에 따라 30여 종의 와인을 블렌딩하기 때문에 생산연도를 표시하지 않는다. 그러나 특별히 포도가 좋은 해에 만들어진 샴페인에는 생산연도를 표시하는데 이것을 그랜드 빈티지Grand vintage라고 하고 라벨에도 표기한다. 희소성이 있다). 이 외에도 5만 원대의 스파클링 와인을 10여 종 정도 판매하고 있어 가볍게 즐기기에도 좋다. 특별한 날 샴페인이 필요하거나 기분을 내고 싶은 어느 날, 이국적인 분위기에서 와인색 벨벳 소파에 몸을 묻고 가느다란 잔을 기울이며 샴페인을 마시고 있으면 마치 파리 시내의 바에 온 듯 우아한 기분이 든다.

Best order tip

2인 (1인당 25,000원)

술 도멘 생 미셸 퀴베 브뤼 50,000원

4인 (1인당 32,500원)

술 모엣 샹동 130,000원

★ **도멘 생 미셸 퀴베 브뤼(Domaine Ste. Michelle Cuvee Brut)** 톡톡 쏘는 기포가 거친 매력이 있는 스파클링 와인.

★ **모엣 샹동** 비싸게는 15만 원의 가격으로 판매되는 모엣 샹동이 이곳에선 13만 원. 폭이 좁고 기다란 샴페인 잔을 들어 45도 정도 기울인 다음 가늘고 천천히 따르자. 샴페인의 기포를 깨뜨리지 않는 방법이기도 하고, 모습 또한 기품이 있다.

샴페인의 여왕이라고
불리는 뵈브클리코

Basic info

★ **주소** 서울시 강남구 청담동 95-15 지하 1층 　　★ **전화번호** 02-542-2222
★ **영업시간** : 오후 8시~새벽 2시(목~금, 토요일에만 운영)
★ **휴무일** 월~수요일, 일요일 　　　　　　　★ **주차** 가능(발렛)
★ **쉽게 찾아가기** 갤러리아 백화점에서 청담사거리 방향으로 질샌더 매장 끼고
우회전, 직진 500m

「뱅가」

와인이 단순히 포도로 만든 술이라고만 알고 있다면,
혹은 정말 맛있는 와인이 무엇인지 알고 싶다면 뱅가에
들러보자. 그에 대한 해답을 찾을 수 있다.

Special info

★ **추천 포인트** 정말 맛있는 와인을
알고 싶어? 그럼 당장 뱅가로 와!
★ **주종** 와인
★ **인기 메뉴** 불갈비샐러드 28,000원
메로스테이크 37,000원
★ **예약 여부** 가능
★ **추천 명수** 2~4명

800여 종의 와인을 보유한 국내 최고의 와인 바

_뱅가 Vin·ga

맥주만큼이나 흔해진 술집이 바로 와인 바다. 그러나 색다르고 독특한 와인 리스트를 가진 곳은 생각보다 많지 않다. 왜냐하면 수많은 와인을 제대로 이해하고 판매하기가 어렵기 때문이다. 또한 100종이 넘는 와인을 보유하고 있는 와인 바도 드물다. 와인은 섬세한 술이라 보관 온도나 습도가 조금만 잘못되어도 쉬이 상해 와인 냉장고의 크기에 비례해 보유할 수 있는 와인의 수가 결정되기 때문이다. 설사 규모가 큰 와인 바라 해도 창고처럼 큰 셀러를 만들기란 쉽지 않다.

그러나 뱅가는 그런 면에서 다른 와인 바와는 확연히 다르다. 우선 실로 방대한 양의 와인에 놀라게 되는데, 약 800여 종의 와인을 보유하고 있다. 이는 우리나라 최대 규모를 자랑한다. 특히 레드와인보다 차갑게 보관해야 하는 화이트와인은 지하 2층의 셀러에 따로 보관하고 있어 맛도 보장한다.

그렇다고 뱅가가 비싼 와인만 취급해 나와 같은 젊

Vin·ga

vin·ga

은 사람들이 가기 부담스러운 곳이냐고 묻는다면 "그렇지는 않다"고 확실히 말할 수 있다. 와인을 수입하는 회사에서 운영하는 만큼 합리적인 가격을 제시한다. 거기에 전문적인 교육을 받은 소믈리에는 상황과 가격에 맞는 적당한 와인을 콕 짚어 골라주니 문턱도 높지 않다.

와인이 단순히 포도로 만든 술이라고만 알고 있다면, 혹은 정말 맛있는 와인이 무엇인지 알고 싶다면 뱅가에 들러보자. 그에 대한 해답을 찾을 수 있다.

어마어마한 양의 와인을 보유하고 있는 뱅가. 양도 양이지만 희귀 와인까지 보유하고 있어 질적인 면에서도 만족을 가져다준다.

★ **2007 닐 엘리스 셀렉션 피노티지** 진한 체리와 자두 향이 나는 산뜻한 품종이다. 무겁지 않은 파스타인 리가토니와 먹기 딱 좋은 맛이다.

★ **토마토소스의 가지, 모짜렐라 치즈 리가토니** 리가토니는 흔하게 먹는 마카로니처럼 가운데가 비어 있는 파스타 면으로, 마카로니보다 훨씬 두꺼워 마치 라자냐를 먹는 듯한 느낌이 난다.

Best order tip

Best Menu 1

술 2006 바인바흐 게뷔르츠트라미너 퀴베 테오
요리 구운 버섯샐러드와 파르미지아노 레지아노
　　2만 원대

Best Menu 2

술 2007 닐 엘리스 셀렉션 피노타지
요리 토마토소스의 가지, 모짜렐라 치즈 리가토니
　　2만 원대

Best Menu 3

술 2008 몬테스 레이트 하비스트
요리 초코수플레와 뱅가 아이스크림 1만 원대

★ **구운 버섯샐러드와 파르미지아노 레지아노** 다양한 버섯을 향긋하게 그릴에 구워 짭조름한 프레시 파르메산 치즈를 얹은 샐러드는 신선한 숲속의 향이 풍부한 화이트와인과 잘 어울린다.

★ **2008 몬테스 레이트 하비스트** 와인 이름에 '레이트 하비스트(Late Harvest)'란 단어가 들어가면 그것은 디저트 와인으로 손색없는 달콤한 맛이 난다는 뜻이다. 포도가 제대로 다 익을 때까지 수확을 하지 않았다는 말로, 다 익은 포도는 충분히 달콤하기 때문이다. 그렇지만 늦게 수확하는 만큼 포도의 손실이 많아 그만큼 와인이 적게 만들어지기 때문에 고가의 와인이 많다.

★ **초코수플레와 뱅가 아이스크림** 달콤한 와인에는 달콤한 디저트가 잘 어울린다. 자르면 뜨거운 초콜릿이 흘러나오는 수플레는 위에 얹은 아이스크림과 자연스럽게 섞이면서 최고의 달콤함을 선사한다.

월요일부터 토요일까지 매일 밤 10시에 라이브 재즈 공연을 들을 수 있다.

Basic info

★ **주소** 서울시 강남구 신사동 634-1 포도플라자 지하 1층   ★ **주차** 가능
★ **영업시간** 오후 6시~새벽 2시   ★ **전화번호** 02-516-1761   ★ **휴무일** 일요일
★ **쉽게 찾아가기** 성수대교 사거리에서 도산사거리 방면으로 300m 직진, 건너편 포도플라자 건물

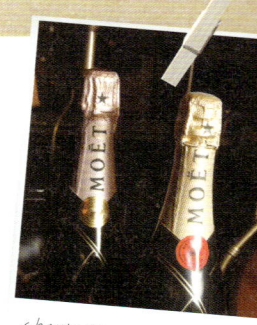

about wine

🍷 알고 마시자

"와인" 선택의 테크닉

와인 바에서 몇 장씩 되는 와인 리스트를 보면서 내 입맛에 딱 맞는 와인을 고르기란 쉽지 않다. 가장 좋은 방법은 소믈리에에게 추천을 받는 것이지만, 여의치 않을 때는 몇 가지 기준을 세워 좋아하는 와인의 범위를 점차 좁혀가면 좀 더 쉽게 와인을 고를 수 있다.

3가지 기준으로 선택의 범위를 좁혀라
❶ 화이트와인을 마시고 싶은가, 레드와인을 마시고 싶은가?
❷ 달콤한 와인이 좋은가, 쌉쌀한 와인이 좋은가?
❸ 원하는 가격대는?

★ 포도의 품종을 살펴라

'멀롯은 여자', '까베르네 쇼비뇽은 남자', '피노 누아는 소녀'라는 비유처럼 와인은 포도 품종에 따른 맛의 차이가 분명하다. 프랑스 와인은 대부분 4~5가지의 포도 품종을 블렌딩해 만들기 때문에 섬세하고 다소 복잡한 맛이 나지만, 이탈리아 와인을 포함한 제3세계 와인은 맛이 분명하다. 그러므로 포도 품종을 몇 가지만 알아도 와인 선택에는 큰 도움이 된다.

와인의 생산연도

레드와인은 숙성기간으로 고르는 것이 좋다. 예를 들어 2010년에 구입할 경우 2002년이나 2003년에 생산된 와인을 고르는 것이 좋다. 반대로 화이트와인은 신선하고 프레시한 맛으로 선택하는 것이 좋은데 2010년이라면 최근 3년, 즉 2009년, 2008년, 2007년산 와인이 맛있다. 와인 라벨에는 모두 생산연도가 표기되어 있는데, 이것을 빈티지(Vintage)라고 한다. 프랑스나 이탈리아 지역 와인은 특별히 맛있는 포도가 생산되어 그 해의 와인이 맛있기로 유명한 빈티지가 있다. 이것을 몇 개 외워둔다면 좀 더 와인을 고르기 쉽겠다. 제3세계 지역은 늘 기후가 좋기 때문에 빈티지가 크게 상관없다.

● 레드와인의 포도 품종

포도 품종	특징
까베르네 쇼비뇽 Cabernet Sauvignon	주로 보르도 지방과 쒸드 웨스트 지방에서 재배된다. 레드와인의 대표 품종으로, 색깔이 진하고 타닌 함량이 많다. 미숙할 때는 청피망 향기가 나지만, 곧 낙엽이 덮인 진흙 토양의 향기가 나는 포도주를 생산한다.
말벡 Malbec	지방에 따라 명칭이 다른 포도 품종. 까오르 지방에서는 오쎄르왜(Auxerrois), 뚜렌느 지방에서는 꼬(Cot), 보르도 지방에서는 말벡(Malbec)이라 불린다. 타닌 성분이 많고 색상이 강하며 조합용으로 사용된다.
멀롯 Merlot	보르도 지방의 포도 품종. 까베르네 쇼비뇽 포도주보다 빨리 숙성된다. 순하면서 향긋한 포도주를 생산한다.
피노 누와 Pinot noir	부르고뉴 레드와인의 명성을 가져온 포도 품종. 피노 누와 와인은 미숙할 때는 대개 특징적인 붉은 과일 향이지만, 수년간의 숙성 후에는 야생 고기 향을 띤다. 부르고뉴 레드와인 양조에 주로 사용된다. 화이트와인으로 양조될 경우에는 상빠뉴(Champagne 샴페인) 양조에 사용된다.
네비올로 Nebbiolo	이탈리아 포도 품종으로 피에몬테 지역에서 재배되는 이탈리아 최고의 적포도 품종. 진하고 강건한 맛이다.
진판델 Zinfandel	이탈리아에서 전해진 품종으로 현재는 캘리포니아에서 재배되고 있다. 딸기 향이 나며, 스튜나 토마토소스 등과 잘 어울린다. 숙성되면 까베르네 쇼비뇽과 분간하기 어려울 정도로 흡사하다.

● 화이트와인의 포도 품종

포도 품종	특징
샤도네이 Chardonnay	레드와인에 까베르네 쇼비뇽이 있다면, 화이트와인에는 샤도네이가 있다. 대부분의 유명한 부르고뉴 화이트와인을 만드는 품종이며, 이것으로 만들면 섬세하고 마른 과일 향을 갖는 양질의 와인이 탄생한다. 재배지의 토양에 따라 오래 보관할 수 있다.
뮈스까데 Muscade	향이 뛰어난 무감미 화이트와인 뮈스까데. 프랑스의 원산지 명칭(AOC) 와인에 사용되는 유일한 포도 품종이다.
피노 그리 Pinot gris	푸른빛이 도는 회색 포도로 프랑스 알자스 지방 포도 재배량의 5%를 차지한다. 이것으로 생산된 화이트와인은 향이 진하다.
리슬링 Riesling	프랑스 알자스 지방의 가장 오래된 포도 품종으로 이 지방에서 재배되는 포도 품종의 20%를 차지한다. 과일 향이 나며. 기품 있고 상쾌하며 탁월한 무감미 백포도주를 생산한다.
산지오베제 Sangiovese	이탈리아 끼안띠 지역 와인의 주포도 품종으로, 산도의 균형이 잘 이루어져 있으며 기분 좋은 향기를 풍긴다.
쇼비뇽 블랑 Sauvignon Blanc	재배되는 지역에 따라 맛에 큰 차이를 보인다. 대표 지역으로는 프랑스와 뉴질랜드. 프랑스에서 생산된 것은 풀 향기의 신선한 향이고, 뉴질랜드에서 생산된 것은 라임, 레몬 등 새콤한 시트러스 과일 향이 강하다.
슈냉 블랑 Chenin Blanc	드라이한 와인을 만드는 품종. 사과, 복숭아, 벌꿀 향이 나고 프랑스, 남아프리카 공화국, 미국 캘리포니아, 호주 등에서 재배된다. 프랑스에서는 고급 와인으로 만들고 다른 나라에서는 다른 품종과 혼합 품종으로 주로 쓰인다.

맛있는 와인 Best 14

● **오버스톤 쇼비뇽 블랑**
Overstone Sauvignon blanc
뉴질랜드 화이트와인으로, 맛은
드라이하고 깔끔하다. 라즈베리와
패션푸르츠의 향이 향긋하다. 해
산물과 잘 어울리고 약간 차갑게
즐기는 것이 좋다.

● **마르께스 드 리스칼**
Marques de Riscal
스페인 화이트와인으로 산도가 높
고 드라이한 맛이다. 식전주로 잘
어울린다.

● **슈발리에 드 바야르**
Chevalier de Bayard
프랑스 레드와인. 스위트한 맛
이 돋보이며, 블랙베리 향이 은
은하게 난다.

● **에디션 바움**
Edition Baum
첫맛은 복숭아 향이, 끝 맛
은 바닐라 향이 물씬 풍기
는 화이트와인. 뒷맛이 딱
떨어지는 드라이한 맛이다.

● **보가 스파클링**
Voga Sparkling
서울 시내 몇 곳에서만 볼
수 있는 특별한 스파클링 와
인. 피노 그리지오로 만든 와
인으로 레몬과 라임류의 산
뜻한 산미가 돋보인다.

● **안젤리 로쏘**
Angeli Rosso
복분자에 샴페인을 믹스
한 듯 상큼한 향의 스위
트한 레드 스파클링 와
인. 누구나 가볍게 즐길
수 있다.

● **소키** Sockeye
샤도네이 품종의 미국
와인. 라벨에 연어가
그려져 있는 만큼 생선
류와 최상으로 잘 어울
린다.

샤또 푸이 마르소
Ch.Puy Marceau

루비, 자주색이고 오크 향, 블랙베리 향, 자두 향, 무화과 향, 체리 향이 난다. 깔끔하게 만들어진 데다 과일 맛도 풍부하다.

쓰리 케이프 레이디스
Three cape ladies

남아프리카 공화국의 와인으로 제3세계 와인치고는 고가여서 잘 알려지지 않은 와인이다. 우아한 맛과 끝 맛의 여운이 좋다.

시바리스 Sibaris

칠레 와인. 강하면서 짙은 레드 색상의 와인으로 부드러우면서 드라이한 맛이 마시기에 편하다.

로즈마운틴 리슬링
Rosemaount Riseling

과일이나 아시안 푸드와 잘 어울리는 맛으로 단맛과 드라이한 맛이 어느 한 쪽으로 치우치지 않고 균형감이 있다.

핸켈로제 Henkell Rose

독일 스파클링 와인. 드라이한 맛에 톡톡 터지는 기포가 상쾌하다. 샐러드와 잘 어울리고 식전주로도 좋다.

도멘 생 미쉘 쿠뷔 브뤼
Domaine ste Michelle Cuvee Brut

거친 듯 힘찬 기포가 인상적이다. 따끔한 맛이 싫을 경우 잠시 열어두었다가 먹어도 좋다. 상큼하고 약간은 쌉쌀하다.

돔페리뇽 Dom Perignon

돔페리뇽의 좋은 빈티지는 1995년, 1996년, 1999년, 2000년, 2002년 등인데 그 중에서도 1995년, 1996년, 2002년은 특히 훌륭한 빈티지라고. 신선하고 맑고 청아한 느낌을 주는 샴페인이다. 호두 향과 시트러스 향에 잔 기포가 풍부하게 올라오는 명품 샴페인이다.

도움말 | 맘마키키 정원경 대표

딜리쉬

비스트로 코너

요리사 손지영의 핫토리키친

와인공장

티즘

펑션

베를린

요리가
맛있는
THE 술집

The Soolzip

이태원

「딜리쉬」

경리단길 언덕에 위치한 '딜리쉬'는 와인과 맥주 등을
즐길 수 있는 편안한 분위기의 다이닝 바. 보기만 해도
기분 좋아질 만큼 잘생긴 세프가 만든 음식에서는 재료
하나하나에 정성을 들인 맛이 난다.

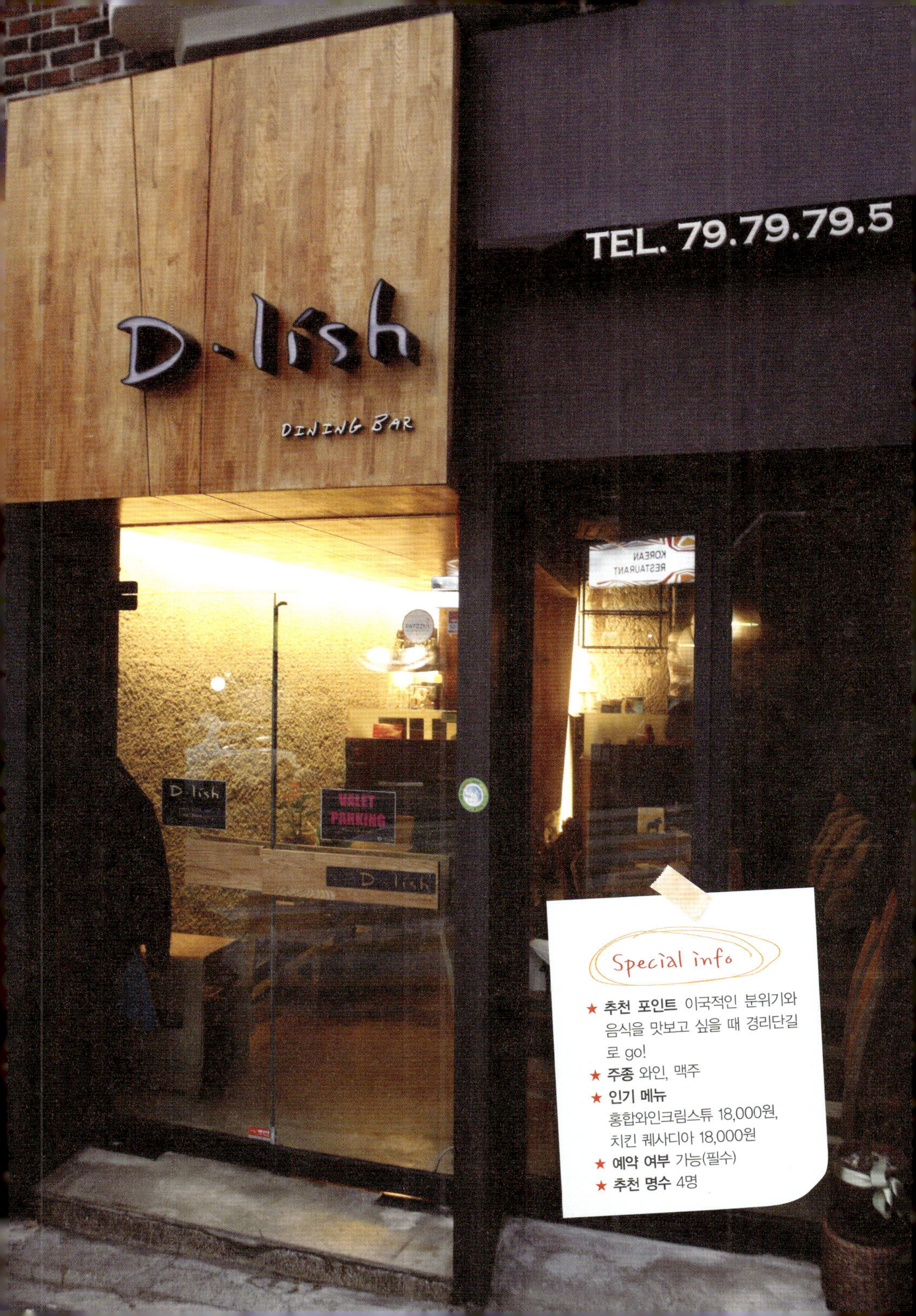

TEL. 79.79.79.5
D-lish
DINING BAR
VALET PARKING
KOREAN RESTAURANT

Special info

★ **추천 포인트** 이국적인 분위기와 음식을 맛보고 싶을 때 경리단길로 go!

★ **주종** 와인, 맥주

★ **인기 메뉴** 홍합와인크림스튜 18,000원, 치킨 퀘사디아 18,000원

★ **예약 여부** 가능(필수)

★ **추천 명수** 4명

독특한 운치,
아늑한 분위기가 좋다

_딜리쉬 D·lish

반포대교를 건너 남산 3호 터널을 향해 가는 길 중간쯤
에 위치한 중앙경리단에서 남산 하얏트호텔로 올라가는
언덕길을 '이태원 경리단길'이라 부른다. 지금의 경리단
길은 초창기 가로수길이나 삼청동과 흡사하다. 콘셉트가
분명하고 이국적인 분위기의 작고 아늑한 음식점들이 속
속 들어서 있다. 길 초입에만 '썬더버거 1호점', '타코집'
을 시작으로 베트남 레스토랑 '르 사이공', 태국 레스트
랑 '부다스 밸리', 스페인 레스토랑 '미 마드레', 서서 마
시는 커피 '스탠딩 커피', 홈메이드 디저트 '레이지 수',
맛있는 이자카야 '요리사 손지영의 핫토리 키친' 등 많
은 음식점들이 운집해 있다. 이 집들은 맛까지 뛰어나 입
소문을 듣고 온 사람들로 문전성시를 이룬다.
경리단길 음식점들은 너나 할 것 없이 규모가 굉장히 작
다. 거의 대부분 테이블 수가 5개 내외이다. 경리단길의
대선배격인 썬더버거와 타코집 정도가 확장을 한 상태이
고, 나머지 음식점들은 10명만 들어서면 가게가 꽉 찬다.
하지만 '작아서 불편하다' 보다는 '아늑하고 포근하다'는
생각이 앞선다. 거기에 주인장의 손길과 눈길이 가게 구
석구석 미치는 점이 '잘 대접받고 있다'는 기분을 준다.

D · l i s h

D · lish

주인이나 셰프가 외국인이거나 외국에서 음식을 공부하고 온 경력자라는 것도 경리단길 음식점들의 특징이다. 덕분에 이국적이거나 새로운 음식을 맛보는 즐거움도 얻을 수 있다.

경리단길 언덕에 위치한 딜리쉬는 와인과 맥주 등을 즐길 수 있는 편안한 분위기의 다이닝 바. 12명 정도면 가게가 꽉 찰 정도로 공간은 좁지만 마치 누군가의 집 거실에서 저녁을 먹는 듯 편안한 인테리어가 좋다. 보기만해도 기분 좋아지는 잘생긴 셰프가 만든 음식에서는 재료 하나하나에 정성을 들인 맛이 난다. 식사를 해도 좋을 든든한 양의 음식이 많은데, 치킨 퀘사디아와 홍합와인크림스튜가 특히 맛있다. 친구들 여러 명과 함께 다양한 음식을 맛보면서 아늑한 모임을 가지기에 좋은 곳이다.

Best order tip

4인 (1인당 22,750원)

술 아사히 생맥주 32,000원
    (1병에 8,000원)

안주
오늘의 애피타이저 18,000원
홍합와인크림스튜 18,000원
닭다리 갈릭 팬프라이 23,000원

★ **오늘의 애피타이저** 셰프의 야심작.
메뉴는 매일매일 바뀐다. 메인 메뉴가
나오기 전 술 한 모금과 즐기기에
딱 좋다.

매일매일 바뀌는 오늘의 애피타이저.
방문한 날은 오징어, 새우, 관자구가 나왔다.

바삭하게 구운 닭다리도 안주로는 최고!

커다란 냄비에 하나 가득 나오는 홍합와인크림스튜.
이 국물에 빵을 찍어먹으면 맛있다.

Basic info

★ **주소** 서울시 용산구 이태원동 211-1   ★ **휴무일** 일요일   ★ **주차** 가능
★ **영업시간** 오후 6시~새벽 2시   ★ **전화번호** 02-797-9795
★ **쉽게 찾아가기** 지하철 6호선 녹사평역 2번 출구에서 400m 직진, 건너편 중앙
경리단길로 진입, 직진 400m

「비스트로 코너」

맥주 한 잔이 필요한 날, 친구 여러 명과 왁자지껄
떠들며 맘껏 먹고 싶은 날에 립과 수제 버거를 앞에 두고
시원한 맥주 한 잔을 들이킬 수 있는 곳이 바로 비스트로
코너다.

수제 버거와 실한 립,
시원한 맥주 한 잔으로
스트레스를 날려!

_비스트로 코너 Bistro CORNER

"누나, 이 집은 진짜 미친 것 같아."

주문한 포크치즈버거를 단숨에 흡입하고 남은 립을 마저 뜯으며 남동생이 외친 한 마디다. 그래, 남동생의 말대로 이 집은 진짜 미쳤다. 음식 하나하나가 미치도록 사람을 홀리는 맛을 가졌음에도 아무렇지도 않게 내놓는다.

가장 자랑할 만한 메뉴는 수제 버거다. 여덟 가지가 준비되어 있는데 전부 다 맛있다. 그중에서 굳이 꼽으라면 토마토, 립을 뜯어낸 돼지고기, 치즈, 코울슬로를 넣은 포크치즈버거와 두툼한 쇠고기 패티에 어니언링, 잭 소스, 토마토, 양상추, 피클이 들어간 잭소스버거를 들 수 있다. 개인적으로는 이태원 수제 버거 투 톱인 '썬더버거'와 '스모키 살룬'과 비교해도 단연코 이 집의 버거 맛이 우월하다. 더 이상 칭찬했다가는 썬더버거와 스모키 살룬 골수 팬들의 원성이 자자할 테니 찬양은 이쯤에서 그만해야겠다.

립도 인기 메뉴이다. 로인백립과 스페어립, 두 가지 중

스페어립이 좀 더 고기가 실해 뜯는 맛이 좋다. 기름기가 적다며 불만을 늘어놓는 손님도 제법 있지만, 다이어트와 맛있는 음식 사이에서 고민하는 여자 입장으론 고맙기만 한 메뉴다.

바비큐 스테이크는 훈제 스테이크로 8,000~9,000원이라는 가격에 비해 훌륭한 맛을 자랑하지만 시간이 다소 오래 걸리고 한정된 양만 판매해 서두르지 않으면 맛볼 수 없다.

맥주 한 잔이 필요한 날, 친구들 여러 명과 와자지껄 떠들며 맘껏 먹고 싶은 날에 립과 수제 버거를 앞에 두고 시원한 맥주 한 잔을 들이킬 수 있는 곳이 바로 비스트로 코너다.

직접 튀긴 어니언링은 바삭바삭, 두툼한 버거는
도저히 합체해서는 먹을 수 없다. 엄전히 칼로
잘라먹는 수밖에.

참나무 장작에 훈제로 12시간 동안 익힌 립은
맥주랑 딱이다. 톡 쏘는 쌉쌀한 맛의
사무엘 아담스와 잘 어울린다.

138

이렇게 코너에 있어서 비스트로 코너. 입구에 쌓여 있는 장작은 진짜 고기를 익히는 참나무 장작.

★ **사무엘 아담스** 진한 호박 색의 미국 맥주. 달콤하면서도 쌉쌀한 맛이 난다.

Basic info

★ **주소** 서울시 용산구 이태원동 57-28 ★ **전화번호** 02-792-9282
★ **영업시간** 정오~오후 2시 30분, 오후 5시~오후 9시 30분
★ **휴무일** 첫째 주, 셋째 주 일요일 ★ **주차** 불가
★ **쉽게 찾아가기** 지하철 6호선 녹사평역 2번 출구 길 건너 언덕 위

「요리사 손지영의 핫토리키친」

내가 꿈꾸던 술집이 벌써 이 대한민국에 생겨버렸다!
맛있는 음식, 아늑한 장소, 유쾌한 여주인, 이 삼박자
를 고루 갖춘 멋진 공간 말이다.

Special info

★ **추천 포인트** 둘만의 이야기를 속 삭일 수 있고, 주인장과의 추억도 만들 수 있는 아지트 같은 곳.

★ **주종** 사케, 맥주

★ **인기 메뉴** 나가사키 해물우동 30,000원, 도미뱃살 데리야키 20,000원

★ **예약 여부** 가능

★ **추천 명수** 2~3명

친구집에 놀러온 듯
기분 좋은 곳

_요리사 손지영의 핫토리키친 HATTORI KITCHEN

내 꿈은 술집을 운영하는 것이다. 바 테이블에 단둘이 나란히 앉아 도란도란 어깨를 부딪치며 조용하게 얘기를 나누고 싶거나 사랑하는 사람과 맛있는 음식과 술을 나누며 분위기를 내고 싶을 때 "아, 거기!"라며 흔쾌히 가고 싶은 술집 말이다.

머릿속으로 그려만 봐도 마음 한 켠이 뿌듯해져 온다. 주방에는 키가 크고 덩치가 좋은, 그리고 다소 무뚝뚝해 보이는 주방장이 날렵한 손동작으로 쓱싹쓱싹 오늘의 요리를 만들어내고, 딱히 정해진 메뉴 없이 손님이 원하는 것은 모두 만들어준다. 전채요리와 샐러드로 상큼하게 시작해서 술과 조화를 이루는 메인 요리로 입을 즐겁게 하고 주먹밥이나 간단한 덮밥 혹은 따끈한 우동으로 마무리되는 코스 요리를 판매하는 곳. 그 안에서 나는 사랑을 싹 틔우는 커플을 보며 흡족함과 부러움이 섞인 표정으로 서비스 안주를 내주는 마음씨 좋은 여주인이고 싶다.

그런데, 내가 꿈꾸던 술집이 벌써 이 대한민국에 생겨버렸다! 내가 꿈꿔 왔던 것과는 조금 다르지만 맛있는 음식, 아늑한 장소, 유쾌한 여주인, 이 삼박자를 고루 갖춘 멋진 공간 말이다. 실내 분위기와 음식은 기본이

고, 거기에 매력적인 여주인장이 있어 이곳이 한층 돋보인다.

오너 셰프 손지영 씨는 나이를 추측하기 어려울 만큼 동안(童顔)이라 '과연 이 사람이 요리를 잘할까?' 라는 의문을 자연스레 불러일으킨다. 하지만 그녀의 거침없는 칼 솜씨를 보고 있자면 '역시 요리사네!' 하는 감탄이 절로 나온다. 그녀의 즉흥성 또한 핫토리키친의 매력이다. 커다란 볼에 가득 담긴 푸짐한 샐러드 우동을 내어주다가도 오디오에서 신나는 음악이 흘러나오면 그 멜로디에 맞춰 몸을 움직인다 (내가 갔을 때는 코다 쿠미의 '큐티 허니'가 흘렀다).

자꾸 다가가고 싶은 매력을 지닌 그녀. 그녀를 볼 때마다 내가 주먹을 불끈 쥐는 이유는 내 꿈을 이뤄버린 손지영 씨가 부러워서이다. 우씨, 부러우면 지는 거다!

★ **샐러드 우동** 신선한 채소와 쫄깃하게 삶은 굵은 우동을 고소한 깨 소스에 버무린 우동. 한 끼 식사로 든든하다.

★ **매운 홍합찜** 처음에 모르지만 먹다 보면 입이 딱 벌어질 만큼 맵다. 시원한 일본 소주와 먹으면 궁합이 최고다.

★ **문어한마리통찜** 나오는 순간 깜짝! 조그만 문어가 한 마리 통째로!

Best order tip

3인 (1인당 약 25,000~26,000원)

술 비잔 클리어 40,000원

안주
샐러드 우동 18,000원
매운 홍합찜 18,000~20,000원

Side Tip

★ 바 테이블밖에 없기 때문에 4명 이상이 방문하면 다소 불편함을 느낄 수 있다. 3명 이하로 가는 것이 좋고, 10명 이상의 모임으로 전체를 빌리는 것도 좋다. 장소가 협소하기에 예약은 필수.

★ 요일별 메인 메뉴가 있다. 고정 메뉴가 4~5가지 있고, 월~화요일은 해산물, 수~목요일은 고기, 금~토요일은 캐주얼한 샐러드나 튀김이 메인 메뉴다.

친구 집에 놀러온 듯 기분 좋은 내부.
10개의 좌석이 전부다.

매일매일 볼펜으로 슥슥 써내려가는 메뉴판.
오늘 당일이시다. 매일매일의 메뉴는 차곡차곡
모아진다.

Basic info

★ **주소** 서울시 용산구 이태원동 225-94   ★ **전화번호** 02-792-1975
★ **영업시간** 오후 7시~새벽 2시   ★ **휴무일** 일요일   ★ **주차** 불가
★ **쉽게 찾아가기** 6호선 녹사평역 2번 출구 직진, 400m 건너편 중앙경리단길로
진입, 300m 직진

「와인공장」

와인공장의 노란 문을 열면 클래식 카인 '로버미니'가
떡하니 놓여 있다. 아니, 이 예쁜 차를 왜 이렇게! 눈물을
닦을 새도 없이 냉큼 들어가 보면 차 허리춤은 주방이고,
트렁크에는 와인 병이 가득하다.

The Wine Factory
ke OuT mEnU

Espresso cOffee
gLass wHlte wlne
sAngrIA ReD / wHlte
gLuhweIn

Special info

★ 추천 포인트
와인도 테이크아웃 시대!

★ 주종 와인

★ 인기 메뉴
테이크아웃 와인 6,000원 ~

★ 예약 여부 불가

★ 추천 명수 2명

테이크아웃형
와인 바

_와인공장 Wine Factory

와인공장의 노란 문을 열면 클래식 카인 로버미니가 떡하니 놓여 있다. 아니, 이 예쁜 차를 왜 이렇게! 눈물을 닦을 새도 없이 냉큼 들어가 보면 차 허리춤은 주방이고, 트렁크에는 와인 병이 가득하다.

와인공장은 와인 테이크아웃이라는 특별한 서비스를 제공하는 와인 바. 물론 테라스와 실내에도 몇 개의 테이블이 있어 앉아서 마셔도 되지만 그래도 다른 곳에서는 볼 수 없어서인지 테이크아웃 서비스를 이용하게 된다.

레드와인, 화이트와인, 직접 담근 때깔 좋은 상그리아를 약 200㎖ 정도의 투명 플라스틱 컵에 담아 6,000원 선의 가격에 판매하는데, 처음 받아 들고는 양이 적어 투덜거리기 쉽지만 막상 마셔보면 결코 적지 않다. 테이크아웃용 와인은 레드는 이탈리아산, 화이트는

프랑스산으로 정해져 있다.

와인 리스트는 병으로 판매하는 화이트와인과 레드와인으로 각각 준비되어 있는데, 손글씨로 직접 와인의 등급, 품종, 알코올 도수, 생산지 등이 상세하게 쓰여 있어 와인을 잘 모르는 사람도 자신에게 맞는 와인을 쉽게 고를 수 있다. 아쉬운 것은 안주가 따로 없다는 것(예전엔 있었다). 하지만 바로 옆 '술탄 케밥 하우스'의 케밥과 '와인공장'의 와인은 의외로 맛의 궁합이 좋아 안주로 먹어도 그만이다. 이국적인 맛을 좋아한다면 양고기를, 모험이 싫다면 닭고기를 선택하자. 가격(4,000원)도 착한 곳.

대한민국에 사는 모든 외국인들이 이태원에 오지 않을까 싶은 금요일 밤, 처음 보는 외국인들과 와인공장 앞에 함께 쭈그리고 앉아 플라스틱 와인 잔을 부딪쳐보자.

와인 코르크로 만든 메모판

미니로버 뒤에는 테이블 4개가 놓여 있는
아기자기한 공간이 있다.

테이크아웃 와인은 한 초금만 가능하며, 가격은 6000원.

Best order tip

2인 (1인당 6,000원)

술 상그리아 6,000원
레드와인 6,000원

안주 작은 치즈 몇 알, 혹은 '술탄 케밥
하우스' 케밥과 함께 먹으면 맛있다.

Basic info

★ **주소** 서울시 용산구 이태원동 127-28　★ **전화번호** 02-749-0427
★ **영업시간** 오후 6시~자정(주말엔 새벽 2시까지)　★ **휴무일** 월요일
★ **쉽게 찾아가기** 지하철 6호선 이태원역 3번 출구, 커피빈 끼고 좌회전
직진, 첫 번째 사거리에서 좌회전　★ **주차** 불가

「티즘」

티즘 앞 골목은 사람이 잘 지나다니지 않는 조용한 길이라
분위기 잡는 데에도 안성맞춤이다. 외관이 무척 단정하고
조명이 은은해 들어서기 전부터 어쩐지 고즈넉하다.

단정하고
은은한 매력

_티즘 Teaism

대학생 시절, 아무것도 모르고 용돈도 얼마 안 되었음에도 난 캐주얼하면서 트렌디한 일식 다이닝 바의 요리를 좋아하고 동경했다. 그리하여 자주 갔던 곳이 홍대 앞의 '친친'이라는 곳이었는데, 그곳에서 남자친구와 마주 앉아 정갈하게 담긴 요리를 차례차례 먹고 있자면 어쩐지 어른이 된 듯해 기분이 좋았다. 티즘은 그러한 친친을 업그레이드한 곳 같다.

차 없이 데이트하고 싶다면 그리고 걸어 다니는 걸 좋아한다면 남산도서관 앞에서 만나 남산 하얏트호텔까지 나 있는 길을 손잡고 도란도란 걷다가 배가 고파질 즈음 티즘에 오면 딱 좋다. 티즘 앞 골목은 사람이 잘 지나다니지 않는 조용한 길이라 분위기 잡는 데에도 안성맞춤이다.

티즘은 외관이 무척 단정하고 조명이 은은해 들어서기 전부터 어쩐지 고즈넉한 분위기를 풍긴다. 내부에는 테이블이 5~6개 놓여 있어 아담하니 딱 좋다. 둘이서 요리 두 가지 정도에 사케 작은 한 병이면 기분 좋은 술자리가 된다.

테이블에 앉아 있으면 주방에서 셰프 3명이 소리 없이 움직이는 모습이 눈에 들어온다. 그들이 가만가만 만들어내는 요리들은 모두 정갈하다.

음식을 다 먹고 나면 조린 단팥을 얹은 녹차 아이스크림을 챙겨 먹자. 가격은 단돈 2,000원. 다 먹고 나면 잘 먹은 것 같은 뿌듯한 마음을 금할 길 없다. 괜히 앞자리의 남자친구도 잘생겨 보이는 착시 효과까지.

기분좋게 먹고 나서 소화도 시킬 겸 천천히 경리단길을 따라 내리막길을 걷자.

이상, 직장인 커플이 퇴근 후 차 없이도 즐길 수 있는 주중 데이트 코스였다. 한번 따라해 보시라.

★ **스키야키** 달콤하면서도 구수한 국물에 구운 두부, 채소, 실곤약, 쇠고기를 넣어 끓인 음식. 질그릇에 담고 개인 워머까지 있어 마지막까지 따뜻하게 먹을 수 있다. 싱싱한 날달걀을 풀어 찍어 먹는데 안주로도 식사로도 안성맞춤이다.

★ **따뜻한 소바와 쇠고기 루꼴라 샐러드** 티즘의 매력 메뉴. 소바는 마 간 것과 새우튀김이 얹어져 나오는데, 따뜻한 국물이 쌀쌀한 날에 제격. 쇠고기 루꼴라 샐러드는 단순한 요리이지만 요리의 정석을 보여주는 티즘의 간판 메뉴다.

Best order tip

2인 (1인당 33,500원)

술 잇떼키뉴콘 30,000원
안주
스키야키 21,000원
따뜻한 소바 16,000원

★ **잇떼키뉴콘** 300㎖의 작은 병이지만 둘이 나눠 마시기에 양이 적절하다. 드라이한 맛이 어떤 안주와도 잘 어울린다.
4명 정도 들렀을 때는 코스 1개와 단품 요리 2개 정도를 시키면 안주로서 양이 충분하다.

초밥이 밑에 깔려 있고 위에는 여러 가지 회가 있어 젓가락으로 조금씩 떼어먹는 지라시스시. 화려한 담음새가 돋보인다.

작은 가게 1지만 요리사만 세명이다.
세 분 다 어찌나 조용하게 움직이는지
음식을 만들고 있는지도 모를 정도.

Basic info

★ **주소** 서울시 용산구 이태원동 258-13
★ **영업시간** 정오~3시, 5시 30분 ~10시   ★ **휴무일** 일요일
★ **주차** 가능(1시간 무료)   ★ **전화번호** 02-792-0474
★ **쉽게 찾아가기** 남산 하얏트호텔에서 경리단 길로 진입하자마자 바로 오른쪽

「펑션」

강남 지역의 클럽인 청담동 '르뉘블랑쉬', 역삼동 '헤븐', 이태원의 '볼륨'과 비교하면 규모 면에서는 반도 되지 않을 만큼 작다. 하지만 작아서 더욱 프라이빗하고, 조명·인테리어·티제잉 등 클럽의 요소는 훨씬 트렌디하다.

Special info

- ★ **추천 포인트** 칵테일이 정말 맛있는 트렌디한 클럽
- ★ **주종** 칵테일
- ★ **인기 메뉴**
  코스모폴리탄 12,000원,
  블루 아일랜드 12,000원
- ★ **예약 여부** 가능
- ★ **추천 명수** 2명 혹은 여러 명

프라이빗하고
트렌디한 클럽

_ 펑션 FUNCTION

펑션은 델리, 카페, 레스토랑, 클럽을 한 자리에 갖춘
마카로니 마켓(280평 규모) 내의 부티크 클럽이다. 2
층 입구에서 오른쪽으로는 델리, 카페, 레스토랑이 차
례로 배치되어 있고, 왼쪽에 있는 검은색의 육중한 문
을 밀고 들어서면 아롱아롱 반짝이는 펑션이 펼쳐진
다. 강남 지역의 클럽인 청담동 '르뉘블랑쉬', 역삼동
'헤븐', 이태원의 '볼륨'과 비교하면 규모 면에서는 반
도 되지 않을 만큼 작다. 하지만 작아서 더욱 프라이빗
하고, 조명·인테리어·디제잉 등 클럽의 요소는 훨씬
트렌디하다.

특히 믹솔로지스트가 저절로 궁금해질 만큼 칵테일이
맛있다. 그중 '코스모폴리탄'의 맛은 다른 곳의 그것
보다 압도적이다. 코스모폴리탄은 미국 드라마 〈섹스
앤 더 시티〉의 주인공 캐리 브래드쇼가 극중에서 바에
가면 항상 마시는 술로, 보드카에 크랜베리 주스와 라

Function

임 주스를 섞어 만들어 핑크색이 돋보이고 새콤한 맛이 나는 여성스러운 칵테일이다.

펑션의 코스모폴리탄은 특별히 향이 좋아 몇 잔을 연거푸 마시게 된다. 믹솔로지스트에게 그향의 비결을 집요하게 물어보니 베이스 보드카를 앱솔루트 페어로 만든다고. 역시나 앱솔루트 페어의 향이란! 그 믹솔로지스트는 "맛있는 칵테일의 비밀은 테크닉이 아니라 질 좋은 술"이라는 말도 덧붙였다.

주말에는 종종 색다른 파티도 열리니 금요일 밤, 토요일 밤엔 바로 펑션으로 고고씽!

다른 바텐더들이 와서 펑션의 술을 보고 두 번 깜짝 놀란단다.
너무 많은 종류에 놀라고, 대부분 비싼 가격의 술을 사용해서 한 번 더 놀란다고.

코스모 폴리탄

레드챗

모히토

아말피 커피

Best order tip

2인 (1인당 약 13,000원)

술 코스모폴리탄 12,000원
아말피 커피 14,000원

★ **아말피 커피** 커피 향이 은은한
칵테일. 식사 후 한 잔으로 좋다.

Side Tip

주중에는 입장료 없이 칵테일 바로 운
영되고, 주말에는 클럽으로 운영된다.
클럽으로 이용 시 웰컴 드링크를 포함
한 입장료가 25,000원. 칵테일 한 잔
을 무료로 마실 수 있다.

160

FUNCTION

아롱아롱한 커튼이 드리워진 편안의 자리.

Basic info

★ **주소** 서울시 용산구 한남동 737-37　　★ **전화번호** 02-749-9181
★ **영업시간** 오후 6시~새벽 2시　　★ **휴무일** 일요일, 월요일　　★ **주차** 가능
★ **쉽게 찾아가기** 지하철 6호선 이태원역 2번 출구, 직진 500m 라보카 2층

「베를린」

아늑한 창가 자리에서 사랑하는 사람과 오붓하게 칵테일을
즐겨도 좋고, 커다란 테이블에서 친구들 여러 명과 식사
와 와인을 즐겨도 부담 없이 맛있는 저녁시간을 가질 수
있는 베를린은 그야말로 멀티 플레이어다.

cafe & lounge

Berlin

지하에 펼쳐진
스카이라운지

_베를린 Berlin

입구에서 베를린을 보면 어쩐지 들어가고 싶은 마음이
별로 들지 않는다. 빨갛고 작은 간판이 간신히 이곳이
바임을 알려주지만 지하로 향하는 계단참이 어두컴컴
한 것도 썩 좋지 않다. 나 또한 이 앞을 무수히 지나치
면서도 선뜻 가보지 못했는데 처음 이곳에 발을 들여
놓는 순간 든 생각은 '그동안 내가 왜 여기를 오지 않
았지', '이렇게 좋은 곳을 모른척했다니' 등등 후회막
급이었다.

계단을 한참 내려오면 펼쳐지는 실내는 어두컴컴한 지
하가 아니라 스카이라운지다. 한쪽 벽면이 전부 창으
로 되어있는 데다가 언덕에 위치했기 때문에 이태원
입구 교차로가 창 가득 널찍하게 펼쳐진다.

베를린의 음식은 베트남, 태국, 일본 음식 등 대부분
아시안 푸드가 기반이다. 이태원의 유명 태국 레스토
랑인 '부다스 밸리'와 함께 운영되는 곳이니 만큼 태
국 음식은 정말 제대로다. 가격대 또한 대부분의 음식

이 1만 원대로 저렴하고 종류가 워낙 다양해 식사를 겸한 술자리로 좋다. 판매하는 술로는 칵테일을 빼놓을 수 없는데 6,000~12,000원대의 가격에 다양한 칵테일을 맛볼 수 있다.

아늑한 창가 자리에서 사랑하는 사람과 오붓하게 칵테일을 즐겨도 좋고, 한가운데 놓인 커다란 테이블에서 친구들 여러 명과 왁자지껄하게 식사와 와인을 즐겨도 부담 없이 맛있는 저녁 시간을 가질 수 있는 베를린은 그야말로 멀티 플레이어다.

★ **소고기 등심스테이크** 일본식 간장소스가 곁들여진 소고기 등심스테이크가 28,000원이고 에스프레서 마티니는 싱글 샷에 8,000원, 더블 샷에 1만 원이다. 싱글 샷은 술이 1잔, 더블 샷은 술이 2잔 들어간다. 모든 샴페인은 싱글과 더블을 선택할 수 있다.

Best order tip

2인 (1인당 약 17,000원)

술 유키 마츠자케 16,000원
　　　(1인당 8,000원)

안주
일본식 피시 앤 칩스 18,000원

★ **유키 마츠자케(Yuki Matsujake)**
사케 칵테일로 라임 주스를 넣어
새콤하고 시원한 맛이 매력적.

유키 마츠자케와 와사비 마요네즈 소스의 피시 앤 칩스. 도톰한 대구살을 부드럽게 튀긴 맛이 담백하고 맛있는데, 톡 쏘는 매운 맛이 돋보이는 와사비 소스가 함께 나와 칵테일 안주로는 적격이다. 매콤한 시즈닝으로 버무린 웨지감자도 안주로는 딱이다.

Side Tip

주말에는 외국인 DJ가 디제잉을 한다고. 클럽 분위기를
만끽하고 싶다면 금요일이나 토요일 밤에 들러보자.

Basic info

★ **주소** 서울시 용산구 이태원동 457-1번지   ★ **전화번호** 02-749-0903
★ **영업시간** 오전 11시 30분~새벽 2시 (금·토요일엔 새벽 3시, 일요일엔 자정까지)
★ **휴무일** 연중무휴   ★ **주차** 가능 (몇 대 안 되기 때문에 전화문의 요망)
★ **쉽게 찾아가기** 지하철 6호선 녹사평역 2번 출구 길 건너 언덕 위

알고 마시자

"칵테일" 선택의 테크닉

최근 칵테일은 과일, 과즙을 이용하여 만드는 것이 트렌드다. 눈으로 보는 것이 50%, 후각으로 느끼는 것이 10~20%를 차지할 만큼 칵테일에서 색과 풍미는 가장 중요한 요소이다. 과일, 과즙으로 만드는 칵테일은 이런 요소를 만족시키는 데다 신선한 풍미가 있어 많이 만들어지고 있다.

칵테일 1잔은 맥주 1잔을 마신 것과 비슷해서 예쁜 빛깔과 입에 착 붙는 맛에 무턱대고 마셨다가는 낭패 보기 십상. 마실수록 점차 혀가 둔감해지기 때문에 한 잔 이상의 칵테일을 마실 때는 맛이 점점 진해져야 제 맛을 느끼니 칵테일을 주문할 때 참고하자.

about cocktail

★ 좋아하는 술 종류를 명확히 하라

칵테일은 진, 럼, 보드카 등 베이스가 되는 술에 맛과 향을 내는 리큐르를 섞어 만드는데 자신이 좋아하는 술 종류를 알고 있는 것이 좋다. 자신이 좋아하는 술에 좋아하는 향과 맛을 선택하면 칵테일은 쉽게 고를 수 있다. 예를 들어 보드카를 좋아하고 베리류를 좋아한다면 칵테일 고르기는 간단해진다. 최근에는 칵테일 이름을 어렵게 짓기보다는 맛을 추측하기 쉽고 알아보기 쉽게 짓는 것이 추세라서 더욱 고르기는 쉬워졌다.

술을 잘 못 마시는 사람을 위한 술이 들어가지 않은 논-알코올(Non-alcohol) 칵테일이 있지만 술 본연의 맛도 칵테일 레시피의 일부분이기 때문에 진짜 칵테일의 맛을 알기에는 아쉬운 면이 있다. 이럴 때는 슬러시 타입의 칵테일을 선택해 녹여가면서 천천히 먹을 수 있는 칵테일을 선택해보자.

맛있는 칵테일 Best 8

래드챗
아마레또라는 살구 향이 나는 리큐르를 베이스로 크랜베리, 오렌지 주스를 섞은 칵테일. 코끝이 찡하도록 새콤한 맛.

블루아일랜드
블루큐라소를 베이스로 한 칵테일로 복숭아, 사과 향이 마음속까지 시원해지는 맛.

코스모폴리탄
보드카를 베이스로 트리플섹, 라임 주스, 크랜베리 주스를 넣어 만든 칵테일. 새콤한 맛과 사랑스런 핑크빛이 특징이다.

세븐
보드카와 꼬냑에 열대과일 향을 더한 힙노틱이란 술의 맛을 최대한 느낄 수 있도록 만든 칵테일. 새파란 색이 시원한 느낌.

아말피 커피
커피 맛이 물씬 나는 칵테일로 레몬첼로와 커피리큐르 베일리스가 베이스인 술. 약간 독한 듯 진한 맛이 돋보인다. 식후주로 잘 어울린다.

로얄피치
복숭아 향의 칵테일로 럼을 베이스로 톡 쏘는 탄산이 돋보인다.

모히토
라임과 민트잎을 방망이로 으깨 향·을 최대화한 후 술을 넣고 섞어 만든다. 바카디가 베이스 술인 상쾌한 향과 맛으로 요즈음 힙하다는 바에선 모두 이 술을 경쟁적으로 판매한다.

망고 마가리타
마가리타는 데킬라를 주조로 한 술로 마티니 잔 테두리에 소금을 바르는 것이 특징이지만 믹스의 망고 마가리타는 망고 퓌레를 넣어 슬러시 형태로 만들어 술을 잘 못 마시는 사람도 마시기 쉽다.

도움말 | 믹스라운지 유준성 매니저

101호

고엔

비닐

텟펜

프리하트

Bar 삭

D

루즈키친

뒤빵

요리가
맛있는
THE 술집

The Soolzip

홍대입구

「101호」

보는 순간 "귀여워!"라는 감탄사가 절로 나는 소품들
이 잔뜩 있고, 조용하고 아늑한 분위기인 101호는 술
이 당기는 날에 좋은 사람과 손잡고 와서 작은 테이블
에 앉아 머리를 맞대고 두런두런 이야기를 나누기에 딱
좋은 곳이다.

부산 언니들,
맛있는 사케와
안주를 부탁해!

사케 바 '101호'는 홍대 앞에 오게 되면 꼭 들르는 필수 코스다. 집과 멀어 가뭄에 콩 나듯 들르는데 이 집의 주인장들은 항상 단번에 얼굴을 기억한다. 대단한 기억력의 소유자들! 이들은 닮은 듯 안 닮은 자매로, 시원시원한 성격의 동생은 가게를 책임지고, 나긋나긋한 언니는 안주를 책임지는데 작은 가게를 알콩달콩 잘도 꾸려간다. 부산 갈매기와 함께 자라 따뜻한 정서가 있고, 애교 섞인 툭툭 내뱉는 부산 사투리에서 '정'이 한껏 묻어나 더욱 애착이 간다. 이들을 닮아 아기자기하고 아늑한 분위기인 101호는 술이 당기는 날에 좋은 사람과 손잡고 와서 작은 테이블에 앉아 머리를 맞대고 사케를 나누며 두런두런 이야기를 하기에 딱 좋은 곳이다.

이곳에서는 약 20여 종의 다양한 사케를 만날 수 있다. 그중 새치름한 여자가 그려져 있는 '미인'이란 뜻의 사케 '요이비진'은 보통주로(62쪽 참조) 달콤한 맛이 돋보이는 인기 사케. 한 병의 양이 900㎖라 4명이 함께 마시면 딱 맞다.

홍대골목 주인나라들의 초상화

이 집의 인기 메뉴인 나가사키 짬뽕탕과 날치알쌈은 사케뿐만 아니라 맥주와도 잘 어울리는 안주다. 특히 날치알쌈은 살짝 구운 김과 가늘게 채 썬 채소, 날치알, 땅콩버터소스가 함께 나오는데 하나씩 싸먹는 재미가 쏠쏠하다.

실내공간이 협소해서 겨울에는 테이블 수가 고작 4~5개이지만, 여름에는 야외에도 테이블을 펼쳐 12개가 넘는 테이블을 운영한다. 여름에 친구들 서너 명과 야외 테이블에서 왁자지껄하게 먹는 것도 좋고, 겨울에 연인과 함께 작고 아늑한 공간에서 주거니 받거니 하기에도 좋은 곳, 바로 101호다.

친절한 주인 언니들을 잘 알아두자. 잊지 않고 내주는 서비스 안주! 사랑해요, 언니들!

★ **해산물라면 샐러드** 싱싱한 채소에 라면을 버무린 새콤한 맛의 샐러드. 양이 든든해 속 채우는 안주로 좋다.

★ **오무 야끼소바** 촉촉하게 익힌 달걀로 야끼소바를 감싼 음식.

★ **나가사키 짬뽕탕** 청양고추를 넣어 국물이 칼칼하면서도 깔끔하고, 채소와 해물이 푸짐하게 들어 있어 씹어 먹는 재미도 있다. 사케를 마시고 속이 알싸할 때 속을 달래줄 국물류로 안성맞춤.

★ **사케 도쿠리** 3가지 종류가 있어 선택할 수 있다.

★ **누벨 준마이** 드라이하면서도 깨끗하고 순한 맛이 특징이다. 720㎖라 여러 명이 마시기에 양이 충분하다.

Best order tip

2인 (1인당 14,500~17,000원)

술 사케 도쿠리 13,000~18,000원
안주
해산물 라면샐러드 16,000원

4인 (1인당 23,750원)

술 누벨 준마이 63,000원
안주
오무 야끼소바 16,000원
나가사키 짬뽕탕 16,000원

호 1 0 1

Basic info

★ **주소** 서울시 마포구 서교동 328-15　★ **전화번호** 02-3143-1015
★ **영업시간** 오후 6시~새벽 2시　　★ **휴무일** 일요일, 명절　★ **주차** 불가
★ **쉽게 찾아가기** 홍익대학교 정문에서 신촌 방향으로 직진, 커피프린스 골목 진입,
　커피프린스 맞은편

「고엔」

고엔의 주방장은 교자만 만든다는 점에서 어쩐지 요리 만화의 고집 있는 주인공과 오버랩된다. 교자를 먹을 때는 시원한 맥주도 잊지 말고 주문하자. 맥주 안주로서의 교자는 눈물이 날만큼 최고의 궁합을 자랑한다.

Special info

★ **추천 포인트** 제대로 구운 교자
   와 시원한 생맥주는 계절에 상
   관없이 최고의 궁합이다.

★ **주종** 맥주

★ **인기 메뉴** 일반 교자 3,500원,
   마늘교자 · 새우교자 · 타코교자
   4,000원씩
   좋겠다 세트 6,000원

★ **예약 여부** 불가

★ **추천 명수** 2명

묵묵한 주방장의
장인다운 솜씨가
돋보이는 곳

_고엔 :GOEN

일본 만화 중에는 요리가 주제인 만화가 많다. 쇼타라는 주인공이 누구도 따라올 수 없는 초밥 요리사가 되는 이야기를 담은 《미스터 초밥 왕》이 그렇고, 《따끈따끈 베이커리》는 빵에 관해서는 천재적인 재능을 가진 주인공을 그렸다. 이처럼 일본에서 출간되는 대다수의 많은 요리 만화들은 한 음식에 광적으로 빠져들어 결국 그 요리에 관해서는 달인이 되고 마는 내용이 많다. 고엔의 주방장은 교자만 만든다는 점에서 어쩐지 요리 만화의 고집 있는 주인공과 오버랩된다. 다소 무뚝뚝한 태도로 묵묵히 교자를 굽는 모습 또한 보는 사람으로 하여금 굉장한 철학이 있다든지 자기만의 굽는 방법이 있을지도 모른다는 상상을 하게 만든다. 이곳에는 일반교자, 마늘교자, 타코(문어)교자가 있는데 여태까지 데려간 지인들의 평가는 타코교자가 다소 우위를 선점하고 있는 상황. 만두를 좋아하는 나로서는 전부다 맛있어 선택하기 어렵지만, 굳이 따지자면 마늘교자에 1점을 더 얹어주고 싶다.

고엔에서 눈짐작으로 파악한 교자 맛있게 굽는 방법은

지랄금지

주인장의 컬렉션은 만질 수 없다는 강경한 의미의 경고문

이렇다. 기름을 두른 뜨거운 철판에 가지런히 교자를 올려놓고 굽는다. 충분히 구워지면 물을 반 컵 정도 뿌려 뚜껑을 덮는다. 교자는 한 번도 뒤집지 않는다. 이렇게 구운 교자는 아랫부분은 바삭바삭하고, 윗부분은 촉촉한 이상적인 맛이다. 군만두를 집에서 구웠을 때 왜 맛없었는지 이제야 알겠다. 이쯤이면 요리 만화의 주인공으로도 손색이 없을 듯.

교자를 먹을 때는 시원한 맥주도 잊지 말고 주문하자. 맥주 안주로서의 교자는 눈물이 날 만큼 최고의 궁합을 자랑한다.

노렌(일본의 가게나 건물의 출입구에 쳐놓는 천으로 상호나 가문을 새겨 넣는다)을 들추고 들어서면 들리는 "이랏샤이마세". 여기가 일본인가, 한국인가.

Side Tip

바에 앉아 교자 굽는 주방장과 이런저런 얘기를 나눌 수 있을 거란 생각은 오산! 장인 같은 주방장은 말없이 교자만 구울 뿐.

세트 메뉴는 밥과 볶은 숙주, 국물이 함께 나와 간단히 식사를 하면서 술을 마시기에 좋다.

Best order tip

2인 (1인당 12,000원)

술 아사히 생맥주 14,000원
  (1병당 7,000원)

안주
좋겠다 세트 6,000원
마늘교자 4,000원

★ **좋겠다 세트** 한 가지 교자를 선택하면 후리가케를 뿌린 밥과 채소볶음이 함께 나온다. 좋겠다 세트에 타코교자를 선택하고 마늘교자를 더 주문하면 친구와 둘이서 밥도 먹고 두 가지 교자도 맛볼 수 있다.

단순해 보이지만
뚜껑을 열었다 닫
았다 하며 여러
과정을 거쳐 교자
를 굽는다.

Basic info

★ **주소** 서울시 마포구 서교동 403-23 B1F   ★ **전화번호** 02-322-5675   ★ **휴무일** 월요일
★ **영업시간** 정오~오후 2시, 오후 5시~자정 (일요일에는 오후 10시까지)   ★ **주차** 불가
★ **쉽게 찾아가기** 지하철 6호선 상수역 1번 출구, 롤링홀 방향으로 직진, 브라운센트에서 우회전
후 직진

「비닐」

이곳에서는 칵테일을 테이크아웃할 수 있는데 담아주는
용기가 참 귀엽다. 다름 아닌 비닐백(그곳을 방문하는 사
람들은 '비닐봉다리'라 부른다)!

칵테일도 맥주도
비닐봉다리에
테이크아웃

_비닐 vinyl

홍대 앞에는 참 재미있는 시도를 하는 가게가 많다. 비닐도 그런 곳 중 하나다.

이곳에서는 칵테일을 테이크아웃할 수 있는데, 담아주는 용기가 참 귀엽다. 다름 아닌 비닐 백(그곳을 방문하는 사람들은 '비닐봉다리'라 부른다).

이 비닐 백은 4명의 주인장들이 테이크아웃을 겸할 수 있는 바를 고민하다가 이동의 용이함과 음료의 색이 자연스럽게 느껴지는 비닐 백을 용기로 사용하자는 아이디어에 착안, 비싸게 여겨지는 칵테일을 저렴하고 편하게, 재미있게 마실 수 있고 걸어다니면서 마셔도 쏟아지지 않게끔 개발한 것이다. 이 비닐 백은 특허 및 디자인, 상표등록이 되어 있는 비싼 몸이시다.

이곳의 칵테일은 4,000~5,000원으로 저렴한 가격은 반가워할 일이지만 메뉴는 다소 평범해 아쉽다. 50가지 정도의 알코올이 함유된 칵테일과 무알코올 칵테일이 있는데 모두 비닐 백에 넣어 테이크아웃이 가능하다. 계절에 관계 없이 동일 메뉴가 유지되고, 겨울에는 몇 가지 따뜻한 오유와리(위스키+따뜻한 녹차), 뱅쇼(꿀+계피+따뜻한 와인) 등 따뜻한 술이 추가된다.

테이크아웃만 가능하냐면 그렇지 않다. 이 작은 가게에

칵테일을 주문하면 이렇게 비닐
봉다리에 만들어준다.

테이블이 3개나 된다. 다만 의자가 너무 작아 덩치 큰 사람은 다리가 좀 아플 테니 가능하면 테이크아웃을 권한다. 주인장들이 미술과 음악을 전공해서인지 이곳의 인테리어 역시 심상치 않다. 정리하면, 따뜻하고 편하고 재미있다. 손으로 직접 그린 그림에 색연필로 색칠한 메뉴판도 가게를 귀엽게 만드는 요소 중 하나. 실내 음악은 보사노바, 쿠바 음악, 제3세계 음악, 레게, 라운지, 인디록, 일렉트로닉 등 여러 장르의 곡 중 다른 곳에서 듣기 힘든 좋은 곡들 위주라 독특하다는 생각이 먼저 든다. 비닐을 들르기 전 바로 옆 가게 '요기 국수집'에서 맛있는 납작만두와 요기 국수를 먹고 비닐에서 칵테일 한 봉다리씩 들고 홍대 캠퍼스를 거닐어보자. 이제는 가물가물한 대학생활의 낭만을 떠올려보고 풋풋한 대학생들도 구경하면 재미있는 하루가 되겠다.

칵테일은 역시 알록달록해야 예쁘다
손으로 직접 그리고 색칠한 메뉴판도 비닐의 재미있는 요소

Best order tip

2인 (1인당 4,000~5,000원)

술
각자 입맛에 맞는 칵테일
4,000원~5,000원

★ 새콤한 것을 좋아하는 나는 언제
나 진라임. 맥주는 가능하면 마시지
말자. 비닐봉다리의 귀여운 느낌은
훤히 비치는 알록달록한 칵테일로 완
성된다.

조그맣게 뚫려 있는 창문으로 손을
쑥 내밀어 카레일을 판매한다

Basic info

★ **주소** 서울시 마포구 서교동 411-1 1층 　★ **전화번호** 02-322-4161
★ **영업시간** 오후 4시~새벽 2시 (금, 토요일은 새벽 4시까지)
★ **휴무일** 연중무휴 　★ **주차** 불가
★ **쉽게 찾아가기** 홍익대학교 정문에서 극동방송국 방면으로 300m 직진

홍대입구_비닐　**189**

「텟펜」

들어서자마자 들리는 우렁찬 인사. 훈훈한 외모의 직원들.
구석구석 반짝이는 청결한 실내. 신선한 재료로 깨끗하게
만든 요리. 깨끗한 맛의 맥주…. 이것이 내가 텟펜을 찾는
이유이다. 텟펜의 정갈함과 청결함에 마음까지 상쾌해진다.

Special info

★ **추천 포인트** 맛있는 음식은 기본
이고, 안구 정화용 비주얼까지 갖
춰진 훈훈한 술집.

★ **주종** 맥주

★ **인기 메뉴** 명물!텟펜야끼 11,800
원, 파를 듬뿍 얹은 후스지와 곤
약 10,600원

★ **예약 여부** 가능(오후 4시 이후에
는 불가능)

★ **추천 명수** 4명 이상

에너제틱하고
수려한 곳

_텟 펜

가게에 들어서자마자 들리는 우렁찬 소리 "이랏샤이마세(어서오세요)!". 텟펜이 인기 있는 첫 번째 이유는 이와 같은 직원들의 시끌벅적하고 유쾌한 인사이다. 시끌벅적하고 유쾌한 인사는 계속 이어진다. 주문하고 나면 주문 메뉴를 다 같이 큰 소리로 복창하고, 친구와 조용히 술잔을 부딪치고 있자면 요리를 만들던 직원들이 어느 새 보고는 "간빠이"라고 외쳐준다. 그뿐인가! 쥐도 새도 모르게 가게 문을 나서고 싶어도 그럴 수 없는 게, 나가는 사람을 숫제 불러 세워놓고 "감사합니다. 또 오세요"라고 우렁차게 외친다. 가게에 있는 모든 직원이 말이다. 심지어 요리를 하던 직원도, 서빙을 하던 직원도 인사할 때만큼은 일제히 하던 일을 멈춘 채 인사에 집중한다. 처음엔 다소 부담스럽지만 익숙해지면 오히려 기분이 좋아진다.

두 번째 이유는 멋지고 잘생긴 직원이다. 화려하게 텟펜야끼를 굽는 직원도, 신중한 모습으로 샐러드를 만드는 직원도 하나같이 키가 크고 외모가 수려하다. 요

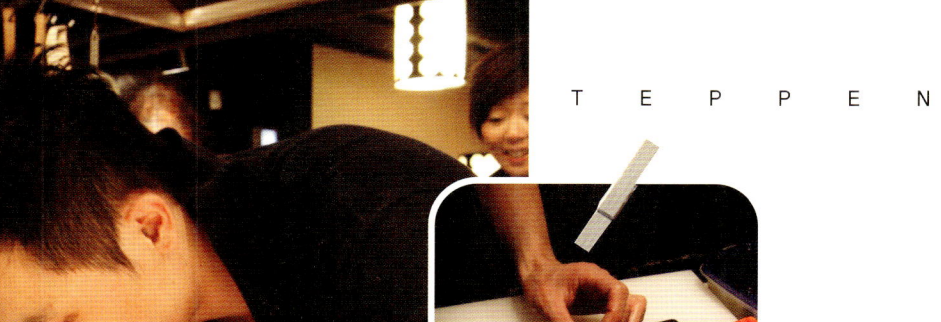

리하는 것을 지켜볼 수 있는 바(Bar) 자리의 손님 대부분이 여자인 데는 그만한 이유가 있는 법.

세 번째 이유는 뛰어난 맛과 청결한 실내공간이다. 수많은 요리를 만드는 조리 공간이 반짝반짝 청결하기란 쉬운 일이 아닌데 매장 한가운데에 위치한 텟펜의 주방은 반짝반짝 윤이 난다. 신선한 재료로 깨끗하게 만든 요리는 어떤 것을 선택해도 맛있다. 텟펜야끼 등 다소 기름기가 있는 안주들은 맥주와 잘 어울린다.

이것이 바로 내가 문턱이 닳도록 텟펜을 드나드는 이유이다.

1인당 서비스료 2,500원이 부과되고 참치, 방울토마토를 땅콩 소스에 버무린 애피타이저가 제공된다. 요리 하나하나로 는 저렴한 가격이라 이것저것 주문했다가 나중에 후회의 눈물이 흐를지도 모르니 주의하자.

★ 멸치를 뿌린 토마토두부샐러드

★ 가쓰오부시 젤리가 얹어진 오토시

★ **명물 텟펜야끼** 양배추와 곱슬 곱슬한 생면을 소스에 볶고 얇 게 부친 달걀을 올린 오꼬노미 야끼와 비슷한 안주류. 주말에 는 꽤 오랜 시간을 기다려야 맛 볼 수 있지만, 기다리는 수고가 아깝지 않으니 자리에 엉덩이를 붙이기도 전에 주문할 것.

★ **명란젓과 버터감자** 고소 한 맛이 일품이다. 쫀득하 게 구운 감자, 짭짤한 명 란젓과 마요네즈 소스의 조화는 집에 돌아가서도 두고두고 생각난다.

Best order tip

2인 (1인당 22,000원)

술 니가타 맥주 24,000원
 (1캔당 12,000원)
안주
명물 텟펜야끼 11,800원
명란젓과 버터감자 8,200원

매장 한가운데 있는 오픈키친. 요리하는 과정을 전부 지켜볼 수 있어 재미있다.
이곳 직원들은 나가는 손님에게도, 들어오는 손님에게도 큰 소리로 인사한다.

한 번에 뒤집기 어려울 것 같은
데 척척 잘도 하신다.

Basic info

★ **주소** 서울시 마포구 서교동 409-1   ★ **전화번호** 02-336-5578
★ **영업시간** 오후 5시~새벽 1시   ★ **휴무일** 월요일   ★ **주차** 불가
★ **쉽게 찾아가기** 홍익대학교 정문에서 극동방송국 방면으로 직진, 삼거리포차에서 건널
　목을 건너 '요기국수집' 옆 골목 진입, 첫 번째 골목에서 좌회전

「프리하트」

홍대 길을 걷다 보면 동화 속 한 장면을 본뜬 것 같은 가게가 불쑥 나타난다. 마녀가 마법의 수프를 끓이거나, 아니면 난쟁이들이 안에서 뜨개질을 할 것만 같은 숲속의 작은 오두막집 같은. 이곳이 바로 자칭, 타칭 '와인 포차' 프리하트다.

✎ Special info

★ 추천 포인트 평범하면서 서민적
인 분위기라 언제 누구와 와도
편하게 와인을 즐길 수 있다.

★ 주종 와인

★ 인기 메뉴 발레벨보 모스까또
다스띠 38,000원, 해물떡볶이
그라탕 15,000원

★ 예약 여부 가능(금, 토요일 제외)

★ 추천 명수 4명

동화 속 오두막 같은
와인 포차

_프리하트 FREE HEART

홍대 정문에서 신촌 방향으로 걷다 보면 왼쪽으로 일명 '커피프린스 길'이 나타난다. 그 길 초입에는 드라마로 유명해진 카페 '커피프린스'가 커다랗게 자리 잡고 있고, 길을 따라 내려가다 보면 올망졸망 작은 옷가게와 술집들이 빼곡히 들어서 있다. 그 길의 가운데쯤 동화 속 한 장면을 본뜬 것 같은 가게가 불쑥 나타난다. 마녀가 마법의 수프를 끓이거나, 아니면 난쟁이들이 안에서 뜨개질을 할 것만 같은 숲속의 작은 오두막 집 같은. 이곳이 바로 자칭 타칭 '와인 포차'인 프리하트다.

프리하트가 와인 포차로 불리는 이유는 2만~3만 원대부터 시작해 대부분의 와인이 4만~5만 원대로 저렴하고, 안주 가격 또한 저렴하기 때문이다. 와인 리스트를 살펴보니 일반적이고 평범한 와인을 다양하게 잘 구비해놓고 있다. 안주류 중 인기 메뉴인 해물떡볶이 그라

오리고 붙여서 만든 귀여운 메뉴판

탕은 커다란 볼에 푸짐한 해물이
듬뿍 들어 있어 둘이서 먹기에 충분
하고, 구운치킨샐러드 또한 양이 푸짐
하다.
허물없는 친구 사이에 편안하고 격 없
이 와인을 마시고 싶을 때, 여러 명이
함께 들러 부담 없이 와인을 서너 병
정도 마실 때 좋은 곳이다.

실내 곳곳에 놓인 촛불은 프리하트를
동화 속 한 장면으로 만드는 일등공신.

프리하트의 음식은 푸짐한 것이 콘셉트. 와인포차라는 말과 잘 어울린다.

커다란 그릇에 엄청나게
푸짐한 해물떡볶이 그라탕

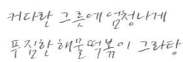

Best order tip

4인 (1인당 20,500원)

술 블라섬 힐 멜롯 29,000원
발레벨보 모스까또 다스띠 38,000원
안주
해물떡볶이 그라탕 15,000원

★ **블라섬 힐 멜롯** 스파이시한 느낌의 레드와인

★ **발레벨보 모스까또 다스띠** 달콤한 맛의 스파클링 와인. 와인을 여러 병 마실 때는
맛이 연한 화이트와인을 먼저 마시고 레드와인을 나중에 마시는 것이 정석처럼 알려
져 있지만, 발레벨보 모스까또 다스띠는 레드와인을 마신 후 마무리로 마시면 좋다.

Basic info

★ **주소** 서울시 마포구 서교동 328-55 1층   ★ **전화번호** 02-335-2144
★ **영업시간** 오후 5시~새벽 3시   ★ **휴무일** 연중 무휴   ★ **주차** 불가
★ **쉽게 찾아가기** 홍익대학교 정문에서 신촌 방향으로 직진, 커피프린스 골목 진입, 홍대
커피프린스 골목 내

「Bar 삭」

길거리 음식의 대명사인 튀김을 저렴한 가격을 유지하면서 맛을 한층 업그레이드시킨 곳이 바로 '바삭(Bar 삭)'이다. 고등학생부터 어르신까지 다양한 연령대의 손님이 드나든다.

Special info

★ **추천 포인트** 치킨집에서 맥주를 마시는 것이 지겹다면 이제는 튀김집에서 맥주를 마셔보자.

★ **주종** 맥주

★ **인기 메뉴** 명품 수제튀김 개당 700원, 매운 해물볶음 9,800원, 매운 해물떡볶이 3,800원, 오뎅탕 9,800원

★ **예약 여부** 불가

★ **추천 명수** 2명 혹은 4명

튀김을 안주 삼아
맥주 한 잔 어때?

_바삭 Bar SAK

추운 겨울, 길거리 포장마차에서 따끈한 어묵 한 꼬치와 김말이튀김을 먹는 광경은 누구나 익숙할 것이다. 하지만 길거리 음식을 먹을 때마다 따라다니는 건 위생에 대한 염려. 그중 튀김은 기름의 위생 상태에 대해 매스컴에서 심각하게 보도한 터라 맛있게 먹으면서도 항상 찜찜하다.

이런 길거리 음식인 튀김을 저렴한 가격은 유지하면서 맛은 한층 업그레이드시킨 곳이 바로 '바삭(Bar 삭)'이다. 주택을 개조해 인테리어를 했는데, 밖에서 보았을 때는 작아 보이지만 막상 들어가면 구석구석 제법 공간이 넓다. 가격이 워낙 저렴하다 보니 고등학생부터 어르신까지 다양한 연령대의 손님이 드나든다.

튀김은 총 7가지로 사실 특별할 것 없는 흔한 튀김인데, 노란 튀김반죽 탓인지 튀기는 주방장의 노하우가 따로 있는 건지 유난히 바삭바삭하다. 으깬 두부가 풋고추 안에 가득 들어간 고추튀김을 비롯해 깻잎튀김, 고구마튀김은 고소하면서 달콤하다. 당면과 여러 가지 채소를 섞어 김으로 돌돌 말아 튀긴 김말이튀김, 촉촉

맛있는 고축튀김

한 생물오징어를 길게 썰어 튀긴 오징어튀김, 통통한 새우튀김도 바삭함을 자랑한다.

이 집의 대표 튀김인 오징어완자는 곱게 다진 오징어 살과 채소를 버무려 동그랗게 모양을 잡아 튀긴 것으로 맛이 독특하다. 튀김이 다소 오래 걸려도 노여워하지 말지어다. 미리 튀겨놓는 것이 아니라 주문 후 튀김옷을 입혀 바로 튀겨내기 때문에 시간이 걸린다. 이런 명품 튀김이 한 개에 단돈 700원. 10개 단위로 판매하고, 추가할 때는 개당 주문할 수 있다.

맛있는 튀김을 주문할 때 빼놓으면 범죄인 그것, 떡볶이도 이 집의 자랑거리다. 야무지게 매운데, 매운 걸 잘 못 먹는 사람은 해물계란탕과 함께 먹으면 매운맛이 조금 상쇄된다. 그 외 길

바삭의 대표 메뉴 총집합. 매콤한 떡볶이, 해물 계란탕, 튀김, 맥주. 손님의 80% 이상이 이렇게 주문한다.

Best order tip

2인 (1인당 8,650원)

술 생맥주 500cc 5,000원
　　(1잔에 2,500원)

안주
명품 수제튀김 7,000원
매운 해물떡볶이 3,800원
해물계란탕 1,500원

공사장을 연상시키는 실내 인테리어

거리 분식점에서 흔히 볼 수 있는 오
뎅탕도 깔끔하게 준비되어 있다.
그렇다고 이 집이 분식집이냐면 그것
은 절대 아니다. 손님의 80% 이상이
맥주와 함께 튀김을 즐긴다. 병맥주
또한 전 세계의 다양한 맥주가 약 20
종 정도 구비되어 있다. 그래서 이곳
의 이름이 'Bar 삭'이다.

그때그때 튀겨내기 때문에 주문 후
시간이 살짝 걸린다.

주택을 개조한 바삭의 외부 모습은
아직도 집 모양 그대로를 간직하고 있다.

Basic info

★ **주소** 서울시 마포구 서교동 366-28　　★ **전화번호** 02-322-0206
★ **영업시간** 오후 4시~새벽 3시　　★ **휴무일** 명절　　★ **주차** 불가
★ **쉽게 찾아가기** 민들레영토 홍대점 맞은편

「D」

미로처럼 구불구불하게 이어지는 높은 파티션이 있어
연인과 함께 들르면 더없이 좋은 공간이지만 친구와
오기에는 맞은편 연인들의 애정 행각에 어쩐지 낯 뜨거
워질지도 모른다.

수줍거나
머뭇거리거나
가슴 떨리거나

_디 D

'D 수줍거나 머뭇거리거나 가슴 떨리거나' 라는 긴 이름 대신 입구 벽면에 붙은 'D' 라고 불리는 이 와인 바는 좀처럼 자리를 잡기 어렵다. 특별한 설명 없이 D 하나만으로 '이곳이 그 곳이구나' 라고 짐작하게 만드는데도 어쩜 그렇게 사람이 많은지…. 매번 갈 때마다 되돌아 나오기 일쑤였다.

비밀스러운 장소인 양 이 집의 분위기는 시종일관 어둡다. 어둡고 가파른 계단을 밟아 지하로 내려가면 어두컴컴한 와중에 희미하게 벽이 보인다. 미로처럼 구불구불하게 이어지는 이 벽은 알고 보니 테이블을 나누는 파티션이다. 단단하게 세워져 있어 어쩐지 비밀스런 느낌을 준다. 거기에 벽을 따라 켜진 수십 개의 촛불이 이곳의 유일한 조명으로 활약하고 있는데, 은밀하고 조심스런 분위기를 한층 더한다. 모든 좌석은 좌식으로, 자리가 다소 불편하긴 하지만 이 분위기에 취해 불평하는 사람은 한 명도 없는 듯.

와인 리스트는 학교 앞인지라 다소 저렴한 3만~6만

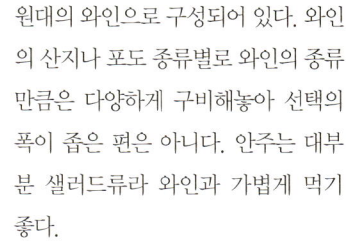

원대의 와인으로 구성되어 있다. 와인의 산지나 포도 종류별로 와인의 종류만큼은 다양하게 구비해놓아 선택의 폭이 좁은 편은 아니다. 안주는 대부분 샐러드류라 와인과 가볍게 먹기 좋다.

연인과 함께 들르면 더없이 좋은 공간이지만 친구와 오기에는 맞은편 연인들의 애정 행각에 어쩐지 낯 뜨거워질지도.

벽을 따라 세워진 촛불로 자리를
짐작할 수 있을 만큼 실내가 어둡다.
넘어지지 않게 조심하자.
둥그렇게 벽이 둘러져 있어
한편으로 아늑하다.

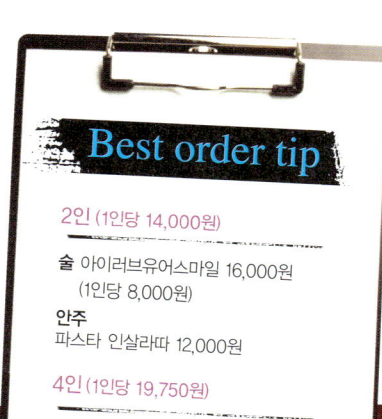

Best order tip

2인 (1인당 14,000원)

술 아이러브유어스마일 16,000원
     (1인당 8,000원)
안주
파스타 인살라따 12,000원

4인 (1인당 19,750원)

술
나흐트 골드 베른아우스레제 64,000원
안주
델리가든 15,000원

★ **아이러브유어스마일** 와인 칵테일. 레몬 주스와 와인으로 만들어 기분 좋게 새콤한 맛을 자랑한다.

★ **나흐트 골드 베른아우스레제** 독일산 아이스 와인. 대부분 10만 원대인 아이스 와인에 비해 저렴한 편.

★ **델리가든** 갈릭 스모크 햄에 싱싱한 채소와 치즈가 곁들여진 안주로, 달콤한 와인과 먹으면 잘 어울린다.

★ **파스타 인살라따** 구불구불한 푸실리와 참치를 섞은 샐러드. 식사 후의 안주로 제격.

Side Tip

자리 잡기가 굉장히 어려우니 이곳에 갈 계획이 있다면 저녁을 먹고 2차로 가는 것이 좋다.
단, 1차를 가기 전에 잠깐 들러 예약을 하자. 전화 예약은 받지 않는다.

마시고 난 코르크는 전화번호 뒷자리를 적어 걸어놓는다. 세 개가 연이어 걸리면 와인 한 병이 서비스!

Basic info

★ **주소** 서울시 마포구 서교동 361-8 ★ **전화번호** 02-3141-8833
★ **영업시간** 월~목, 일요일 : 오후 6시~새벽 2시, 금~토요일 : 오후 6시~새벽 3시 30분
★ **휴무일** 연중무휴 ★ **주차** 불가능
★ **쉽게 찾아가기** 홍익대학교 정문에서 극동방송국 방면, 삼거리포차 끼고 좌회전, 두 번째 건물

「 루즈키친 」

'루즈(loose)'라는 단어의 의미처럼 들어서는 순간 아늑한
아지트의 인상을 강하게 풍기는 곳. 먹고 싶은 것을 말하면
서슴없이 만들어주는 곳이 루즈키친이다.

Special info

★ **추천 포인트** 계절별 메뉴로
제철 요리를 즐겨봐!

★ **주종** 와인, 사케

★ **인기 메뉴**
메뉴는 계절별로 변경

★ **예약 여부** 가능

★ **추천 명수** 2~4명

소원을 말해봐!
이 곳에선 뭐든 오케이

_루즈키친 Loose Kitchen

홍대 앞에는 오밀조밀한 골목이 유난히 많다. 그 오밀조밀한 골목들 안에는 보물 같은 집들이 군데군데 숨어 있어 이름과 약도를 알아도 좀처럼 찾기가 어렵다. 그런데 거기, 지나치기 쉬운 그 골목 안에 루즈키친은 자리하고 있다. 찾기 어려운 위치에 있지만 늘 왁자지껄하게 사람이 바글바글하다.

'루즈키친'이란 이름은 '루즈(loose)'라는 단어의 의미처럼 이 곳을 들르는 사람들이 편안하게 음식과 술을 즐기고 가면 좋겠다는 마음에 지은 이름이란다. 그래서인지 실내에 들어서는 순간 아늑한 아지트의 인상이 강하게 풍긴다.

인테리어도 인테리어지만, 루즈키친의 가장 큰 특징은 계절마다 변하는 메뉴이다. 그때그때 제철 음식을 사용해 최상의 맛을 만들어낸다. 메뉴판도 따로 없는 데다가 "예전엔 이게 맛있었는데"라고 해도 그 메뉴를 다시 팔 가능성은 희박하다. 더 재밌는 것은 먹고 싶은 것을 말하면 재료가 있는 한 대부분 만들어준다는 점이다. 여기에 오너 셰프는 주방에서

정산우 셰프의 아내 작품

비가 오면 부침개도 부쳐서 내주고, 추운 날엔 뜨끈한 국물을 끓여 내어준다. 이탈리안 음식이니, 퓨전 요리이니, 한식이니 하는 요리 장르도 정하지 않는다.

술도 마찬가지다. 늘 와인 25~30종과 사케 6종 정도를 구비하고 있지만 손님이 원한다면 모든 술을 구해가지고 온다.

격식이 없고 원칙은 없지만, 단 한 가지는 꼭 지킨다. 바로, 손님이 원하면 무엇이든지 해준다는 것! 루즈 키친에 가면 맛있게 먹고 즐겁게 마실 수 있다는 말이 괜히 있는 게 아니다.

Best order tip

정신우 추천 메뉴 Best 3

Best 1

술 보데가 와이너트 말벡 42,000원
안주
고르곤졸라 치킨 플레이트 27,500원

Best 2

술 준마이 750㎖ 33,000원
안주 꽃게어묵탕 19,800원

Best 3

술 복분자 사와 8,000원
안주 굴소스 버섯닭볶음 19,800원

★ **고르곤졸라 치킨 플레이트** 고르곤졸라 블루치즈가 진득하게 녹아 구운 치킨의 소스로 곁들여져 나온다. 진한 치즈의 풍미가 쌉쌀한 맛의 말벡과 좋은 궁합을 만들어낸다.

★ **굴소스 버섯닭볶음** 가츠오부시가 너울너울 춤추는 굴소스 버섯닭볶음은 계절별로 바뀌는 메뉴 속에서 굳건히 자리를 지키는 베스트셀러다.

★ **꽃게어묵탕** 어묵탕이야? 해물탕이야? 꽃게로 구수한 육수를 내어 만든 어묵탕은 깊고 시원하다. 사케와 따끈한 국물요리인 어묵탕은 말할 것도 없는 최고의 조합.

★ **복분자 사와** 복분자주에 탄산수를 섞어 상큼한 조합을 만들어냈다. 버섯과 닭가슴살을 굴소스에 휘리릭 볶아낸 요리와 맛있게 잘 어울린다.

오너 셰프이자 푸드스타
일리스트인 정신우 씨는
방송, 촬영 등 바쁜 일정
속에서도 루즈 키친에서
는 직접 요리한다.

Basic info

★ **주소** 서울시 마포구 서교동 331-22
★ **영업시간** 화~목요일, 일요일에는 오후 5시~자정, 금~토요일에는 오후 5시~새벽 2시
★ **휴무일** 월요일   ★ **주차** 문의   ★ **전화번호** 02-333-3036
★ **쉽게 찾아가기** 지하철 2호선 홍대입구 5번 출구로 나와 KFC 골목으로 직진, 두 번째 사거리
   에서 좌회전, 새마을식당 옆

「뒤빵」

알록달록한 인테리어, 무심한 듯 툭툭 만들지만 '진짜' 맛있는 채주얼한 음식, 여기에 날이 어두워지면 시끌벅적한 술집으로 변신하는 재주까지... 이런 점 때문에 나의 무한한 사랑을 받는 곳이 뒤빵이다.

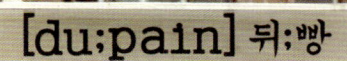

[du;pain] 뒤;빵

Special info

★ **추천 포인트** 격식 없는 뒷방에서
   편하게 놀고 싶을 때 제격!

★ **주종** 맥주

★ **인기 메뉴** 호일함박 스테이크
   8,000원

★ **예약** 불가

★ **추천 명수** 2~4명

FEE or TEA
h 시나몬빵푸딩
1이드, 샹그리아, 바니니

Beer
hi 生or mini

Bottle beer
d. hoegaarden
guinness, mudshake

home made
Burg
& pa

뒤빵버거
더블치

호일함박스테
[반숙 n

모듬치즈파니니
살라미치즈파
데리야끼치킨

Rice
함박규동

예쁜 뒷방으로
놀러 와~!

_ 뒤빵 du:pain

나는 '앞으로 이런 모양의 가게, 이런 음식을 파는 가게를 차리고 싶다'라는 생각이 많은 사람이다. 그리고 그 생각에 조금이라도 부합하는 곳이 있으면 무한한 애정을 품는 편협한 사람이기도 하다.

그런 나에게 뒤빵키친은 알록달록한 인테리어며, 무심한 듯 툭툭 만드는 캐주얼한 음식으로 무한히 애정을 받는 곳이다. 덩치 좋은 주인이 좁디좁은 부엌에서 바지런을 떨며 그 큰손으로 음식을 만든다고 생각하면 웃음이 날 만큼 재미있다. 그렇지만 내오는 음식마다 하나같이 맛있다. 시원한 멸치국물의 국수, 두툼한 햄을 올린 계란밥 등 국적도 원조도 알 수 없는 음식들이지만, 함박스테이크엔 무조건 반숙 달걀과 함께 먹어야 한다는 진리를 아는 주인은 음식에 대해 뭘 좀 안다고 나는 철썩같이 믿고 있다.

d u : p a i n

뒤빵이 더 사랑스러운 점은 날이 어두워지면 시끌벅적한 술집으로 변신한다는 것이다. 맛있는 함박스테이크와 시원한 맥주 한 잔에 즐거워질 수 있는 곳, 바로 홍대 앞 골목 뒷방인 뒤빵이다.

여름에는 천장을 오픈해시원하고,
겨울에는 따뜻한 테라스 자리

★ **호일함박 스테이크** 호일로 감싸 구운 함박 스테이크는 촉촉한 맛이 돋보인다.

★ **루꼴라 샐러드** 토마토와 루꼴라로 만든 샐러드. 얼핏 보면 래디시 같은 담음새가 재미있다. 샐러드와 잘 어울리는 스파클링 와인인 버니니는 맥주처럼 간단하게 먹을 수 있어 좋다.

Best order tip

2인 (1인당 약 14,500원)

술 아사히 미니 8,000원
　　(1인당 4,000원)

안주
이탈리안 살라미 13,000원,
호일함박 스테이크 8,000원

★ 꿀과 함께 서빙되는 바삭바삭한 피자와 은박 포일로 감싸 구워 촉촉한 함박 스테이크는 맥주 안주로 잘 어울린다.

d u : p a i n

알고 마시자

"맥주" 선택의 테크닉

맥주는 이제 술이라기보다 음료수에 가깝다 할 정도
로 많은 사람들이 즐기고 있다. 그런데 막상 맥주를
고를라치면 어떻게 골라야 하는지 고민하기 마련. 맥
주의 다양한 스타일을 안다면 내 입맛에 맞는 맥주를
어렵게 고를 수 있다.

about beer

★ 맥주 스타일 1 _ 시원한 라거 lager

제조법 발효 과정에서 아래쪽으로 가라앉는 효모를 사용해 17~15℃에서 발효시킨 맥주.
독일에서 발전하여 전 세계 맥주 생산량의 70% 이상을 차지한다.

맛의 특징 시원하고 청량감 있어 갈증 해소에 뛰어나다.

★ 맥주 스타일 2 _ 개성 강한 에일 ale

제조법 발효 과정에서 표면에 떠오르는 효모를 사용해 17~23℃의 실온에서 발효시킨 맥주.
영국에서 발전하였다.

맛의 특징 거품이 풍성하고 색과 맛이 진하다. 발효 과정 중에 오렌지, 배, 딸기 등 향과 맛이
자연스럽게 생성되어 과일 향이 나는 맥주가 많다. 이렇듯 에일 스타일의 맥주는 맛
과 개성이 강하고 독특해 소수의 사람들에게 사랑받고 있다.

계절별 맥주 선택법

맥주 하면 마치 공식을 외우듯 여름이 연상된다. 그런데 계절에 따라 몸이 원하는 맥주가 다르다
는 사실을 아는가?

관련 업계의 통계자료에 따르면 디아지오의 '기네스' 맥주와 오비맥주의 '호가든'은 겨울이 되면
매출이 늘어난다. 이들 맥주는 에일 맥주로, 색이 탁하고 맛과 향이 진한 것이 특징인데 이 맥주
를 마시기에 적합한 온도는 12~13℃. 이것이 겨울철에 향이 좋은 맥주를 찾는 이유다. 하지만 라
거 맥주는 투명하며 도수가 높지 않고 청량감을 띠어 갈증을 해소에 탁월한 효과를 발휘해서인지
여름철에 많은 사람들이 찾는다.

온도에 따라 몸이 원하는 맥주가 따로 있다니. 이제 '맥주=여름 술'이라는 공식은 아무 소용이
없게 됐다.

맛있는 맥주 Best 8

● **뢰벤브로이** Lowenbrau
독일산 라거 맥주. 탄산이 약해서
목 넘김이 편하며, 쌉쌀한 맛이 거
의 없어 누구나 마실 수 있다.

● **라페** Leffe
네덜란드산 라거 맥주. 알코올 도수
8도를 넘어 다소 맛이 강하다. 계피
향이 살짝 난다.

● **스텔라 아르투아**
Stella Artois
라페와 함께 네덜란드를 대표하는
라거 맥주. 향이 진하다.

● **기린** Kirin Beer
아사히와 함께 일본의 대표 라거
맥주. 깔끔한 맛과 향이 돋보인다.

● **브이비** Victoria Bitter, VB
호주 빅토리아주에서 만드는 에일
맥주. 비터 계열 중 가장 라이트한
버전으로 당도, 알코올 도수, 탄산
함량이 낮아 마시기 편하다. 톡 쏘
면서 쌉쌀한 맛이 진하게 느껴진다.
통통한 병 모양이 특징.

● **포엑스** XXXX Export Lager
호주 퀸즐랜드주에서 만드는 라거
맥주로 VB와 함께 호주의 대표 맥
주. 영국 이주민들에게 맥주를 얻어
마신 호주 원주민들이 영국인들을
보면 'Beer'란 단어 대신 'XXXX'라
고 땅에다 썼다는 전설이 전해진다.
순해서 쉽게 마시기 좋다.

● **산미구엘 페일 필젠**
Sanmiguel Pale Pilsen
필리핀산 에일 맥주. 진한 곡물 향
이 느껴진다. 연한 황금빛으로 부드
러운 거품이 돋보인다.

● **기네스** Guinness
에일 맥주로, 전 세계적으로도 유명
한 아일랜드 산 흑맥주. 크림처럼
부드러운 거품, 검은색에 가까운 색
상이 특징. 맛은 고소하면서도 씁쓸
하다.

요리가
맛있는
THE 술집

The Soolzip

강북 기타

「카페 소반」

카페 소반이 기분 좋은 이유 중 한 가지를 꼽자면
매장 한 켠에 유리로 만든 새싹 재배실이 있어서다.
비빔밥에 들어가는 새싹을 수경재배로 직접 길러 사용하니
이곳의 음식은 얼마나 신선할까 기대된다.

Special info

★ **추천 포인트** 술이 아닌 담소가 목
   적이고, 술은 분위기용으로 살짝만
   마시고 싶을 때 방문하면 좋다.
★ **주종** 와인, 맥주
★ **인기 메뉴** 불고기 비빔밥 7,800원,
   소반 샘플러 17,800원
★ **예약 여부** 가능
★ **추천 명수** 2~4명

모던한 분위기에서
반주를 즐겨보자

_카페소반 café SOBAHN

광화문은 서울 시내에서도 특히 회사가 많이 몰려 있
는 곳임에도 불구하고 여자 직장인을 위한 술집이나
밥집이 드물다. 아저씨에게 어울릴 법한 이자카야와
선술집만 잔뜩 있다. 나는 첫 직장을 광화문으로 다녔
는데 친구들이 회사 근처로 와 함께 술을 마시고 싶어
도 세련된 공간이 별로 없어 내심 괴로웠었다. 그 와중
에 카페 소반이 생겨 얼마나 반가웠는지….

카페 소반은 세련된 공간에서 든든한 밥 한 그릇과 간
단한 술 한 잔을 곁들이고 싶을 때 적절한 곳이다. 모
던하고 깔끔한 실내, 군더더기 없는 음식은 누구를 데
리고 가더라도 몸에 맞춘 듯 편안하다.

가벼운 안주로 좋은 메뉴로는 '소반 샘플러'가 있
다. 새콤한 무절임에 채소를 넣고 말아낸 무쌈과 얇은
쇠고기편육에 채소를 넣고 말아낸 고기말이, 샐러드,
궁중떡볶음, 안심구이가 조금씩 제공되는데 식사 전
맥주나 곡주와 함께 곁들이면 좋다. 보기보다 양이 제
법 많아 여자 셋이 함께 먹으면 적당한 양이다.

café S O B A H N

향 좋은 커피와 차도 저렴하게즐긴다.

반주를 하고 나면 소반의 비빔밥을 맛
보자. 구운 등심을 올려 무거운 느낌
의 비빔밥, 해조류가 들어간 새콤한
비빔밥, 낙지볶음을 올린 매콤한 비빔
밥, 두부와 양념간장이 들어간 가벼운
느낌의 비빔밥까지 모두 10가지의
비빔밥이 구비되어 있어 골라 먹는
재미가 쏠쏠하다.

카페 소반이 기분 좋은 이유를 한 가
지 더 꼽자면 매장 한 켠에 유리로 만
든 새싹 재배실이 있어서다. 비빔밥
에 들어가는 새싹을 수경재배로 직접
기르고 있는 모습을 보면서 한 잔 하
다 보면 마음이 신선한 느낌으로 가
득찬다.

★ **소반 샘플러**에 생맥주 한 잔, 비빔밥(새싹샐러드 비빔밥 7,800원)이면 맛있는 술과 맛있는 안주, 맛있는 식사까지 한 번에 ok!

소반 샘플러

Best order tip

＊광화문점 기준

2인 (1인당 11,700원)

술 생맥주 5,600원(1잔에 2,800원)

안주 혹은 요리
소반 샘플러 17,800원

한우육회비빔밥

계살비빔밥

소고기나물죽

안동식비빔밥

소반해물떡볶이

Side Tip

스몰 디시와 비빔밥(선택 가능), 음료(또는 차)가 제공되는 세트 메뉴도 좋다. 점심에는 2,000~3,000원의 저렴한 가격으로 스몰 디시만 판매하니 광화문에 직장을 둔 사람들은 맛볼 것. 식사를 마치고 나면 디저트로 달콤한 고구마맛탕을 먹자.

café SOBAHN

WIX
RICE
&
MIX

Rice & Mix Sobahn original style
Rice & Mix The nine treasu... ...leaves
Rice & Mix Soft Tofu in the soy bean paste sauce
Rice & Mix Freshwater snail in bean paste sauce
Rice & Mix Pan-broiled spicy octopus

Rice & Mix Hot broiled chicken
Rice & Mix Sizzled pork belly
Rice & Mix Bud sprout & young leaves
Rice & Mix Grilled Beef & various vegetables
Rice & Mix Beef tatar & various vegetables

Basic info

★ **주소** [광화문점] 서울시 종로구 신문로1가 134-2 오피시아빌딩 1층
★ **영업시간** 평일 : 오전 8시~오후 11시, 주말·공휴일 : 오전 11시~오후 10시
★ **휴무일** 연중무휴   ★ **주차** 가능(식사 시 1시간 무료)   ★ **전화번호** 02-730-7423
★ **쉽게 찾아가기** 지하철 5호선 광화문역 6번 출구에서 서대문 방향으로 100m 직진, 도보 2분

「카도야」

최근 들어 일본 주점을 본 딴 술집들이 꽤나 많이 생겼지만 전문적으로 일본 요리와 술을 소개하는 곳은 드문 것이 현실. 그런데 6호선 망원역 근처에 가면 '프로페셔널'이라는 게 뭔지 보여주는 이자카야가 있다.

Special info

★ **추천 포인트** 전문 교육을 받은 셰프들이 만든 안주 맛이 일품.
★ **주종** 사케, 막걸리
★ **인기 메뉴** 굴튀김 15,000원, 모듬사시미 30,000원
★ **예약 여부** 가능(15명 이상의 단체 예약은 불가)
★ **추천 명수** 2~6명

사케와 막걸리를
한 번에!

_카도야

최근 들어 일본 주점을 본 딴 술집들이 꽤나 많이 생겼다. 하지만 전문적으로 일본 요리와 술을 소개하는 곳은 드문 것이 현실. 그런데 6호선 망원역 근처에 가면 '프로페셔널'이라는 게 뭔지 보여주는 이자카야가 있다. 그 이름은 카도야다.

카도야에는 까까머리의 유쾌한 젊은 셰프 3명이 있다. 그들은 일본의 요리 전문학교 '츠지 조리학교'에서 공부했고, 그중 초밥을 만드는 셰프는 우리나라 스시계의 스타 안효주 셰프(만화 '미스터 초밥왕'에 등장한 인물)가 운영하는 '스시효'에 근무한 적이 있다고 한다. 여기까지만 들어도 음식이 얼마나 맛있을까 하는 기대감이 증폭된다.

번화가가 아닌 주택가에 있는 곳이니 만큼 세련된 공간은 아니지만 깔끔한 실내에 들어서면 특유의 편안함이 느껴진다. 메뉴판을 보니 기본 메뉴 외에 '오늘의 메뉴'가 따로 있는데, 그날그날 오전에 들어온 생선으로 만든 회 종류가 많다. 자리에 앉으면 내어주는 기본 안주도 매일매일 바뀌는데, 매일 아침 시장에서 사온 신선한 재료로 만든다.

카도야는 특히 튀김이 맛있다. 맥주와 함께 먹으면 맛있는 '카니 프라이'는 대게 다리에 튀김옷을 입혀 튀긴 것으로 겉은 바삭바삭하고 속은 촉촉하다. 굴튀김 역시 속은 살짝 덜 익은 듯 부드럽다. 그 외에 불 맛을 진하게 느낄 수 있는 돼지고기숙주볶음과 나가사키 짬뽕도 맛있는데, 돼지고기숙주볶음을 먹을 때는 7가지 맛이 나는 고춧가루인 시치미를 솔솔 뿌려 먹으면 더욱 맛있고 나가사키 짬뽕에는 따끈한 사케보다 차가운 사케가 더 잘 맞는다.

사케는 일본 소주를 포함해 총 30여 종이 준비되어 있다. 특이한 점은 이자카야임에도 우리나라의 막걸리를 판매한다는 것이다. 인삼막걸리와 막걸리, 이렇게 두 가지가 준비되어 있다.

★ 불 냄새가 물씬 풍기는 나가사키 짬뽕. 국물 안주로는 최고

★ 완전 감동적인 맛. 바삭바삭하게 대게를 튀긴 카니 프라이

Best order tip

6인 (1인당 약 12,500원)

술 사케 도쿠리 6,000원
안주 혹은 요리
나가사키 짬뽕 12,000원
카니 프라이 15,000원
돼지고기숙주볶음 12,000원
모듬 사시미 30,000원
★ 안주의 양이 제법 많은 편이니 사람 수보다 한 가지 정도 덜 시키면 양이 딱 맞다.

★ 숙주와 돼지고기를 단숨에 볶은 요리. 안주로 잘 어울린다.

★ 매일매일 좋은 재료로 만드는 오토시(반찬)

240

모든 안주가 맛있어 2명이서 2가지 음식만
맛보고 간다면 살짝 억울하다. 6명 정도의
여러 사람이 모여 안주를 이것저것 주문해
조금씩 맛보면 더욱 좋겠다.
다만 중심가에서 멀고 번화가가 아니라 시끌
벅적한 분위기를 즐기는 사람들에게는 원성
을 들을지도 모르겠다.

카도야의 세 요리사들은 위생을 위해
까까머리를 한다.

많은 사케 잔 중에 원하는 것을
골라서 마실 수 있다.

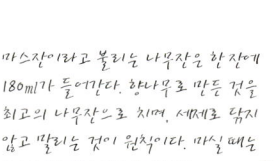

마스잔이라고 불리는 나무잔은 한 잔에
180㎖가 들어간다. 향나무로 만든 것을
최고의 나무잔으로 치며, 새제로 닦지
않고 말리는 것이 원칙이다. 마실 때는
모서리가 아닌 면으로 마신다.

Basic info

★ **주소** 서울시 마포구 서교동 5-3　★ **전화번호** 02-3142-7854　★ **주차** 불가
★ **영업시간** 오후 6시~새벽 2시　★ **휴무일** 2째·4째 일요일, 명절
★ **쉽게 찾아가기** 지하철 6호선 망원역 1번 출구 직진 50m

「코엔」

코엔은 정통 일식처럼 딱딱하고 점잖은 분위기가 아닌
캐주얼한 곳이지만 어른들을 모시고 가기에도 알맞을 만큼
은근한 멋과 격이 있다.

Special info

- ★ **추천 포인트** 부모님께 고마움을 전달하고플 때 방문하자.
- ★ **주종** 사케
- ★ **인기 메뉴** 덴뿌라 벤또 12,000원, 미소 라멘 7,000원
- ★ **예약 여부** 가능(점심은 제외)
- ★ **추천 명수** 2~4명

격식 있는 사케 바

_코엔

일식 분위기의 주점을 우리는 '이자카야', '로바다야키', '사케 바'의 세 가지 이름으로 부른다. 일본에서 이자카야는 선술집을, 로바다야키는 손님 앞에서 직접 채소, 고기, 생선 등을 구워 내놓는 곳을 의미하는데 이미 로바다야키는 오래된 온천 근처나 구 시가지에만 남아 있는 향수 어린 곳이라고. 우리나라에서는 이자카야와 로바다야키를 뚜렷이 구분하지 않는다. 그러나 사케 바는 이들과 미묘하게 차이가 나는데 이자카야, 로바다야키보다 좀 더 고급스럽고 더 다양한 종류의 사케를 구비해놓는 특징이 있다.

코엔은 사케 중 최고 등급인 준마이 다이긴조 급(순쌀로 만든 완성도 높은 술)의 사케도 구비되어 있는 사케 바다. 정통 일식집처럼 딱딱하고 점잖은 분위기가 아닌 캐주얼한 곳이지만 어른들을 모시고 가기에도 알맞을 만큼 은근한 멋과 격이 있다.

음식도 결코 빠지지 않는다. 매일 아침 들여오는 해산물이 여간 싱싱한 게 아니다. 여기에 술과 곁들일 식사로 일식 도시락이 있어 도시락과 회 한 접시면 맛있는 식사와 술을 즐길 수 있다.

안쪽에는 조용한 방이 있어 어른을 모시기에도 좋다.

어른께 감사의 마음을 전하고플 때 코엔에 오자. 특히 부모님께 따끈한 사케 한 잔 따라드리면 어른이 된 듯한 내 모습에 부모님도 나도 기분 좋은 밤이 되겠다.

분주한 주방장들

건물이 워낙 커서 주차 후 지하주차장에서 헤맬 수 있다. 주의하자.

★ **가이센 폰즈** 상큼한 양파채 위에 문어, 멍게, 굴, 전복 등의 싱싱한 해산물을 얹어 새콤한 폰즈 소스에 찍어먹는 음식.

★ **타코 와사비** 얼음 위에 내어주며, 차가운 사케와 잘 어울린다.

Best order tip

2인 (1인당 9,000원)

술 사케 도쿠리 12,000원
안주 혹은 요리 타코 와사비 6,000원

4인 (1인당 24,250원)

술 네노히 준마이 노 사케 55,000원
안주 혹은 요리
가이센 폰즈 30,000원
덴뿌라 벤또 12,000원

신발을 벗고 앉는 아늑한 자리도 준비
되어 있다.

Basic info

★ **주소** 서울시 종로구 사직동 9번지 1층 (풍림스페이스 본 1층 스타벅스 옆)
★ **영업시간** 오전 11시~오후 2시, 오후 5시~새벽 4시
★ **휴무일** 연중무휴　　★ **주차** 가능　　★ **전화번호** 02-738-1717
★ **쉽게 찾아가기** 지하철 3호선 경복궁역 7번 출구 앞 골목으로 직진, 외환은행
　사거리에서 우회전 300m 직진, 오른쪽에 위치

「마마사케」

12월에는 확실히 술자리가 많다. 나는 맛집을 많이 안다는 이유로 연말이면 각종 모임의 장소를 정해야 하는 임무를 부여받는데, 이럴 때 마마사케는 구세주 같은 곳이다.

Special info

★ **추천 포인트** 안주를 마음대로 골라, 골라! 맞춤 안주 메뉴로 모임이 더욱 풍성해진다.

★ **주종** 사케, 맥주

★ **인기 메뉴**
나가사키 카이센 나베 18,000원, 쇼우지지미 13,000원, 연어샐러드 15,000원

★ **예약 여부** 가능(필수)

★ **추천 명수** 8~12명

연말 모임에 강추!

_마마사케 mama sake

연말에는 확실히 술자리가 많다. 한 해가 저물고 새로운 한 해를 여는 시점이라 그런지 아쉬움과 설렘이 뒤섞인 감정으로 지인들에게 연락해 크고 작은 모임을 주선해가며 몇 날 며칠 동안 술독에 빠져 지내기 일쑤다. 나는 맛집을 많이 안다는 이유로 연말이면 각종 모임의 장소를 정해야 하는 임무를 부여받는데, 이럴 때 마마사케는 구세주 같은 곳이다.

마마사케를 연말 모임 최적의 장소로 꼽는 첫 번째 이유는 안주 코스 메뉴 때문이다. 이곳의 안주 코스 메뉴는 정해진 가격이 없다. 손님이 코스의 가격을 제안하고, 주인장은 그 가격에 맞춰 음식을 구성한다. 코스는 보통 샐러드나 전채요리, 회, 튀김, 탕, 디저트 등 5가지로 구성된다. 주인장 입장은 차치하고, 손님에게는 참 만족스러운 메뉴다. 미리 정해진 코스 음식을 보며 "이건 마음에 안 들지만, 요것 때문에 먹는다"라며 억지로 주문할 필요가 없다. 맛있는 음식은 기본으로 메뉴에 넣고, 먹어보지 못한 새로운 음식도 몇 가지 넣으면 그 자리에 모인 사람들의 입맛을 충분히 만족시킬

사케가 어디에

수 있다. 최소 금액은 1인당 3만 원으로, 사람 수가 많아지면 더 적은 금액에도 가능하다고.

이 집이 연말 모임에 좋은 두 번째 이유는 저렴한 사케 가격이다. 900㎖ 사케는 3만~4만 원선, 2,000㎖ 사케는 6만~6만 5,000원 선이다. 2,000㎖짜리 2팩 정도면 15명 정도의 비교적 큰 모임도 해결된다.

세 번째로 좋은 점은 아늑함이다. 마마사케는 복층 구조인데, 최대 12명까지는 2층을 전부 사용할 수 있어 마치 그곳을 통째로 빌린 듯 아늑한 기분이 든다.

마지막으로, 마마사케가 연말 모임에 좋은 점은 모든 음식이 맛있다는 것이다. 분위기, 메뉴 모두 마음에 들어도 정작 음식이 맛없으면 꽝이지 않은가!

제철 재료로 정성껏 만든 음식들은 전부 정갈하고
맛있다.

그렇다고 이곳이 모임에만 잘 어울리느냐고 묻는다면
"그렇지 않다"고 답하겠다. 종로 같지 않은 조용하
고 세련된 분위기는 데이트 장소로도 잘 어울린다.
광화문에서 시작해 청계천을 따라 걷다가 이곳에
들러 신선한 향의 와인 소주를 마시는 것도 좋겠다!

Best order tip

2인 (1인당 11,000원)

술 사케 12,000원~
안주
연어샐러드 15,000원

12인 (1인당 40,000원~)

술
조센 다루사케 85,000원
안주 혹은 요리
코스 메뉴 1인당 30,000~50,000원

모둠회는 그날그날 물이 좋은 생선으로 매일매일 바뀐다.

Side Tip   코스 메뉴는 최소 이틀 전에 예약해야 한다.

음식을 책임지는 마마사케세프님. 회 뜨랴, 튀김하랴 가장 바쁘신 분.

★ 깨 소스를 뿌려먹는 해산물 샐러드.

★ 눈살이 찌푸려질 만큼 새콤한
복분자 셔벗. 순수한 복분자만
들어갔다고.

Basic info

★ **주소** 서울시 종로구 관철동 155   ★ **전화번호** 02-722-1061

★ **영업시간** 오후 6시~자정   ★ **휴무일** 일요일   ★ **주차** 가능

★ **쉽게 찾아가기** 종로 2가 피아노거리에서 청계천 방향으로 직진, 우회전 후 100m 직진,
종로일번가 건물에 위치

「호수집」

호수집은 꼭꼭 숨어 있다. 마치 넘쳐나는 손님을 감당할
수 없어 일부러 조금 찾기 어려운 곳으로 숨어버린 것 같다.
서울역 주변을 자주 왔다 갔다 하는 사람도 이곳을
잘 모를 정도다. 그래도 항상 사람들로 넘쳐나는 것이
놀라울 뿐이다.

Special info

★ **추천 포인트** 맛있는 술과 음식을
먹기 위해 기다림을 즐길 줄 안
다면 언제든 환영!

★ **주종** 소주, 맥주, 막걸리

★ **인기 메뉴** 닭꼬치 1,000원,
닭도리탕 中 13,000원

★ **예약 여부** 불가

★ **추천 명수** 4~6명

1,000원의 행복이 느껴지는 곳

_호수집

호수집은 꼭꼭 숨어 있다. 마치 넘쳐나는 손님을 감당할 수 없어 일부러 조금 찾기 어렵게끔 숨어 버린 것 같다. 서울역 주변을 자주 오가는 사람도 이곳을 잘 모를 정도다. 지하철로는 서울역보다 충정로역 4번 출구가 더 가깝다. 한국경제신문사 건물을 바라보며 걷다 보면 좀 더 쉽게 찾아낼 수 있다. 워낙 인기가 많은 곳이라 한발만 늦어도 자리 잡기가 쉽지 않다. 게다가 가게 손님 대부분이 술손님이라 언제 그 자리가 끝날지 가늠하기도 힘들다. 예약이 안 되기 때문에 기다림은 필수 사항이 돼버린다. 그래서 나는 이곳에 가고 싶으면 술 마시기에는 이른 시간에 간다.

사람은 넘쳐나는데 아줌마, 아저씨 딱 두 분이서 일하시는 데다가 아저씨는 연탄불 앞에서 닭꼬치를 굽는데 여념이 없으시기 때문에 이곳은 자의 반 타의 반 셀프 서비스다. 추가로 술을 시킨다거나 파김치를 자를 가위가 필요해도 아줌마를 기다리지 말자. 자리에서 일어나 직접 가져다 먹는 것이 빠르다.

이곳의 닭꼬치를 그저 그런 닭꼬치로 생각하면 큰 오산이다. 1,000원이란 가격에 '별것 있겠어?'라고 무시한다면 그것 또한 큰 실수다. 뼈째 토막 낸 닭을 감칠맛 나게 양념해 석쇠 사이에 놓고 은근한 연탄불에 굽는다. 직화로 구워 맛있는 불 냄새가 진동하고, 맛깔나게 붉은 양념 빛깔은 보기만 해도 군침을 돌게 한다. 게다가 쫄깃쫄깃한 육질은 한우 부럽지 않다. 이 맛있는 닭꼬치를 단돈 1,000원에 판매하는 아줌마, 닭꼬치를 정성껏 굽는 아저씨께 감사한 마음이 절로 든다. 다만 굽는 데 시간이 오래 걸리고 한정된 양만을 만들어 한 테이블에 10개 이상 주문할 수 없다는 점이 아쉽다.

Side Tip

닭도리탕을 먹고 나서는 볶음밥도 먹자. 이때 이 집의 유일한 반찬인 파김치를 송송 썰어 볶음밥에 투해 배는 부르지만 숟가락을 놓을 수 없다.

항상 이렇게 바글바글한 곳.

Best order tip

3인 (1인당 약 6,000원)

술 소주 3,000원

안주 혹은 요리
닭도리탕 小 10,000원
닭꼬치 3,000원(1개당 1,000원)

★ **닭도리탕** 반쯤 조리해 내어주면 테이블에서 조려가며 먹는다. 깻잎이 듬뿍 들어 있어 향긋한 냄새가 일품. 다 먹고 나서 먹는 볶음밥도 빼놓을 수 없다.

Basic info

★ **주소** 서울특별시 중구 중림동 61-1 ★ **전화번호** 02-392-0695
★ **영업시간** 오후 5시~ 오후 10시 ★ **휴무일** 월요일 ★ **주차 불가**
★ **쉽게 찾아가기** 지하철 2호선 충정로역 4번 출구, 한국경제신문사 옆

「영락골뱅이」

서울에서 골뱅이로 유명한 지역을 꼽으라면 단연 을지로다.
을지로 일대의 골뱅이와 일반 골뱅이의 차이점은 무엇일까?
바로 무침양념과 골뱅이다. 을지로 골뱅이맛을 제대로 내는
바로 이곳 영락골뱅이다.

입 안이 얼얼~
쌓인 스트레스를
한 방에 날리는 곳

_영락골뱅이

서울에서 골뱅이로 유명한 지역을 꼽으라면 단연 을지로다. 을지로 일대의 골뱅이와 일반 골뱅이의 차이점은 무엇일까? 바로 무침 양념과 골뱅이다. 작은 유동골뱅이를 고추장과 고춧가루로 만든 새콤한 초고추장에 각종 채소와 버무리는 것이 일반 골뱅이라면, 을지로 골뱅이는 커다란 동표골뱅이에 파채, 다진 마늘, 태양초 고춧가루를 듬뿍 뿌려 내놓는다. 동표골뱅이는 골뱅이 전문점에만 납품되는 국내산 골뱅이인데 동네 슈퍼마켓에서 볼 수 있는 캔 골뱅이보다 훨씬 크고 빛깔은 뽀얗고, 쫄깃하며 깔끔한 맛이 특징이다. 을지로 골뱅이에는 식초나 설탕이 들어가지 않는다. 그래서 새콤달콤한 일반 골뱅이무침 맛에 익숙한 사람이라면 첫 맛이 꽤 낯설 것이다. 또한 뒷맛이 맵고 눈물이 찔끔 날 정도로 파의 매운맛과 마늘의 톡 쏘는 맛이 강해

이를 싫어하는 사람이라면 절대 먹지 못할 것 같다. 하지만 이 매운맛이 은근 중독성이 강하다. 여기에 일곱 번 굴려 만들었다는 두툼하고 폭신한 달걀말이가 서비스로 무제한 제공되는데, 아마도 달걀말이가 없었으면 을지로 골뱅이 특유의 매운맛을 견딜 사람이 몇이나 될까 싶다.

이상하게 마음이 우울하면 을지로 일대의 골뱅이집들 중에서도 특히 영락골뱅이가 생각난다. 매운맛을 핑계로 눈물을 펑펑 쏟고 나면 속까지 후련해진다. 다만 파와 마늘의 매운맛 때문에 다음날 속이 좀 아리다는 것이 흠이라면 흠.

Best order tip

2인 (1인당 15,000원)

술 소주 3,000원
안주 혹은 요리
골뱅이무침 23,000원
포사리 6,000원
★ 골뱅이무침을 시키면 달걀말이가 무한대로 리필된다. 매운맛에 대한 걱정은 하지 말자.

★ 다른 메뉴 필요 없다! 있지도 않다! 골뱅이를 골라 먹은 후 남은 양념장에 말랑한 대구포인 포사리를 넣어 먹으면 파채와도 잘 어울려 맛있다.

큼직하고 두툼한 달걀말이를 작은 칼로 쓱쓱 써는 아줌마는 진정 달걀말이의 달인

Basic info

★ **주소** 서울시 중구 저동2가 80-1 ★ **전화번호** 02-2263-3261
★ **영업시간** 오후 1시~새벽 1시 ★ **휴무일** 명절 ★ **주차** 불가능
★ **쉽게 찾아가기** 지하철 2호선 을지로 3가역 12번 출구 뒤돌아서 큰 길에서 우회전

「순희네 빈대떡」

광장시장 맛집 순례의 마지막 집 '순희네 빈대떡'. 기름
지면서 바삭한 식감에 아침부터 저녁까지 손님들이 줄을
서서 기다리는 곳이라 일찍 가도 늦게 가도 기본으로
10~15분은 기다려야 한다.

Special info

★ **추천 포인트** 세련되지는 않지만 지갑이 가벼울수록 마음이 푸근해지는 곳이다.
★ **주종** 막걸리, 소주
★ **인기 메뉴** 빈대떡 4,000원, 고기완자 2,000원, 동동주 5,000원
★ **예약 여부** 불가
★ **추천 명수** 2~4명

광장시장의
푸근한 맛집

_순희네 빈대떡

광장시장에는 맛집 4총사가 있다. 첫 번째 주인공은 '마약 김밥'이라고 불리는 '꼬마김밥'. 마약김밥은 채 썬 당근과 단무지가 들어간 간단한 김밥을 매콤한 겨자간장을 찍어 먹는, 별것도 없는 맛인데도 이상하게 한 달에 한 번은 꼭 먹고 싶어지는 이상한 김밥이다. 두 번째는 '하니네 순대·잔치국수집'이다. 이 집에서는 속이 꽉 찬 왕순대와 국물이 시원한 잔치국수를 판다. 광장시장에 순대집은 수도 없이 많지만 오로지 이 집만 냄새가 나지 않는다. 세 번째 주인공인 '자매집'은 단돈 1만 원에 육회를 맛볼 수 있고 고소한 노른자와 시원한 배, 육회를 썩썩 비벼 시원한 무국과 함께 먹으면 술이 술술 들어가는 곳이다.

마지막 주인공은 '순희네 빈대떡'이다. 가끔 친구 네 명과 함께 광장시장을 쏘다니다가 한 집씩 차례로 들러 음식을 사먹곤 하는데, 각 집마다 필요한 자금은 1만 원을 넘지 않는다. 그중 순희네 빈대떡은 워낙 유명한 곳이

라 말이 필요 없다.

순희네 빈대떡에서는 4,000원이라는 저렴한 가격에 큰 쟁반만한 녹두빈대떡을 먹을 수 있다. 녹두빈대떡은 하루 종일 자동으로 돌아가는 맷돌에 녹두를 갈아 김치, 숙주, 돼지고기를 넣고 반죽해 기름으로 튀기듯 구워낸다. 바삭바삭한 식감에, 약간은 기름지면서 촌스런 맛과 냄새가 매력적이다. 빈대떡을 찍어 먹는 간장에는 매콤한 고추와 양파가 듬뿍 들어 있어 빈대떡의 느끼함을 잡아준다. 간장에 들어 있는 양파 한 조각씩 얹어 먹어야 제맛이다. 여기에 막걸리 한 병을 추가해도 1만 원이 채 되지 않아 주머니 사정까지 푸근해진다.

단, 아침부터 저녁까지 손님들이 줄을 서서 기다리는 곳이라 일찍 가도 늦게 가도 기본으로 10~15분은 기다려야 하니 느긋한 마음으로 방문하는 것이 좋다. 그 근방에 빈대떡집이 많지만 유독 이 집만 사람들이 줄을 서 있으니 못 찾을까 봐 걱정할 필요는 없다.

Best order tip

2인 (1인당 3,500원)

술 서울막걸리 3,000원

안주 혹은 요리
빈대떡 4,000원

★ 빈대떡은 막걸리가 없으면 한 장 이상 먹을 수 없다! 꼭 막걸리와 함께 먹자.

자돌으로 돌아가며 녹두를 갈아주는 맷돌

Basic info

★ **주소** 서울시 종로구 종로5가 138-9 (광장시장 내)   ★ **전화번호** 02-2268-3344

★ **영업시간** 오전 8시~자정   ★ **휴무일** 명절   ★ **주차** 불가

★ **쉽게 찾아가기** 1호선 종로5가역 8번 출구 광장시장 내

Side Tip

4명이 함께하는 광장시장 투어를 권한다. 광장시장 내 구제시장에 들러 액세서리나 구제 원피스를 보는 재미가 쏠쏠하다. 수입 패션 잡지, 수입 화장품도 저렴하게 구할 수 있다. 구경하다가 광장시장 맛집 4총사를 차례차례 들르는 재미도 만끽하길. 그렇지만 4명 이하는 권하고 싶지 않다. 배불러져 도중에 한 군데는 포기하고 만다.

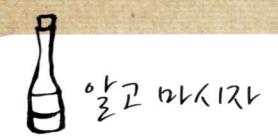

"막걸리" 선택의 테크닉

우리의 전통주 막걸리가 세계화 바람을 타고 다양한 모습으로 변신하고 있다. 쌀뜨물처럼 흰 빛깔에 알코올 도수 6~7도의 순한 술이었던 막걸리는 2000년대에 막 들어섰을 때만 해도 탁주(濁酒)라고 불리며 나이 지긋하신 어르신들의 전용 술로 인식되었는데 석류, 키위, 딸기, 복분자, 블랙라즈베리 등 건강에 좋은 천연재료를 넣고 빛깔을 다양화하면서 이제는 남녀노소는 물론 외국인들까지 맛있게 막걸리를 즐기고 있다. 이렇게 인기를 몰고 있는 이유는 막걸리의 유산균 양이 요구르트보다 훨씬 많아 피부에 좋고, 몸에도 좋기 때문이다.

★ '막걸리' 이름은 어떻게 생겨났을까

막걸리는 찹쌀, 멥쌀, 보리, 밀가루 등을 쪄서 말린 뒤 누룩과 물을 섞어 일정한 온도에서 발효시켜 만든다. 이것을 '거칠게 막 걸렀다'고 해서 막걸리라 부르기 시작했고, 거르지 않아 밥풀이 동동 뜨는 막걸리는 동동주라고 불렀다 한다. 역시나, 우리나라 전통주답게 한국식으로 작명 됐다.

about makgeolli

★ 생막걸리와 일반 막걸리는 어떻게 다를까

전통 제조방식으로 만들어 효모가 살아 있는 것이 생막걸리이다. 효모가 살아 있으니 유통기한을 일주일 이상 넘기지 못한다. 지역별로 특산 막걸리가 많지만 널리 유통되지 못했던 것도 바로 이러한 이유에서다. 요즈음에는 효모가 죽지는 않되 더 이상 발효하지는 못하도록 하는 발효제어 기술로 생막걸리가 시중에 유통되고 있다. 일반 막걸리는 살균 처리를 해 유통기한을 길게 만든 것이다.

막걸리 누보?

갓 수확한 햇포도로 만드는 프랑스 와인 '보졸레 누보'를 벤치마킹해 만든 명칭으로 갓 수확한 햅쌀로 만드는 막걸리를 뜻한다.

맛있는 막걸리 Best 4

● 장수(長壽) 생막걸리

막걸리의 대표 라벨로 신선하고 깔끔한 맛에 자연발효에 의한 탄산이 잘 어우러진 맛이 특징. 쌀 90%, 이소말토 올리고당 10%로 만들어졌으며, 장기간 저온숙성시켜 트림과 숙취가 거의 없다. 유통기한은 10℃ 이하에서 보관할 경우 제조일로부터 10일이다.

● 이동쌀막걸리

막걸리의 본고장 경기도 포천시 이동면에서 생산되는 막걸리. 백미 60%와 소맥분 40%로 만들어 걸쭉하고 진한 맛이 난다. 유통기한은 10℃ 이하 저온에서 보관했을 때 제조일로부터 5일이다.

● 국순당 생막걸리

전통술을 만드는 국순당에서 만든 막걸리로, 쌀(수입산) 100%로 만들어 진하면서도 생생한 뒷맛이 특징이다. 생쌀발효법(국순당 고유의 열을 가하지 않는 발효법)으로 빚어 필수아미노산이 풍부하다고 알려져 있다. 유통기한은 10℃ 이하 저온에서 보관했을 때 제조일로부터 30일이다.

● 미몽

국내산 쌀 100%와 인삼으로 빚은 고급 막걸리. 기존 막걸리의 텁텁함이 거의 느껴지지 않으며, 맛과 향이 깔끔하다. 생쌀발효법(국순당 고유의 열을 가하지 않는 발효법)으로 빚어 필수아미노산이 풍부하다고 알려져 있으며, 고급스런 유리병에 담겨 있어 격식 있는 자리에도 잘 어울린다. 유통기한은 제조일로부터 1년간이다.

요리가
맛있는
THE 술집

글	김수진
사진	이재희
발행인	장상원
편집인	이명원
초판 발행	2010년 2월 22일
2쇄 발행	2010년 5월 25일
발행처	(주)비앤씨월드
	출판등록 1994. 1. 21. 제16-818호
	주소 서울특별시 강남구 청담동 40-29 제일빌딩 402호
	전화 (02)547-5233
	팩스 (02)549-5235

ISBN　　　　978-89-88274-65-1　23590
값은 뒤표지에 있습니다.